·手绘传奇植物科普丛书·

U0215497

美丽的观赏植物

丛书主编：李晓东　李振基　孙英宝　李青为

主编：寇亚平　李青为　　绘图：葛若雯

中国林業出版社
CFPH China Forestry Publishing House

丛书主编： 李晓东　李振基　孙英宝　李青为

主　　编： 寇亚平　李青为

编　　委： 费红红　张　娇　孙清琳　李　品　杨　涓

绘　　图： 葛若雯

图书在版编目（CIP）数据

美丽的观赏植物 / 寇亚平, 李青为主编 ; 葛若雯绘图. -- 北京 : 中国林业出版社, 2024. 6. -- (手绘传奇植物科普丛书 / 李晓东等主编). -- ISBN 978-7-5219-2749-8

Ⅰ. S68-49

中国国家版本馆CIP数据核字第2024LF7194号

策划编辑：刘家玲
责任编辑：葛宝庆　肖　静
装帧设计：刘临川

出版发行：中国林业出版社
（100009，北京市西城区刘海胡同7号，电话83143612）
网址：www.cfph.net
印刷：河北京平诚乾印刷有限公司
版次：2024年6月第1版
印次：2024年6月第1次
开本：880mm×1230mm　1/32
印张：2.5
字数：50千字
定价：50.00元

序一

在我们所居住的地球之上，与我们人类相伴而生的植物有30多万种，构成了一个庞大的大家庭——植物界，它不仅蕴藏着很多的科学奥秘，还与我们人类和所有动物的生存紧密相连，是诸多生命健康存在的保障。有的植物生长高达百米以上，有的小如米粒。有的植物为了生存，身怀绝技；有的植物生存环境恶劣，但学会了应对。有的植物拥有人类生命成长所必需的能量，分别被加工成了美食和药材；有的植物却已经被人类过度利用而面临濒危和灭绝。为了让读者更广泛而深入地认知与了解这些植物存在的重要价值与意义，中国科学院植物研究所的李晓东、孙英宝和厦门大学李振基同志组织编写了《手绘传奇植物科普丛书》，以图文结合的方式展示与讲述了各类植物的形态特征、广泛用途与生存智慧。

这套《手绘传奇植物科普丛书》把科学、博物、艺术和生活融为一体，并且配有精美的手绘图，带领大家去领略植物界最引人入胜的植物风采，把丰富的自然知识用通俗的语言在愉悦的氛围中进行传递。所以，这是一套值得向所有热爱自然万物和科学绘画的人推荐的好书！

是为序！

王文采

2018年5月12日

序二

植物，是人类生活之中必不可缺的重要部分。人类的衣、食、住、行都与植物有着密切的联系，可以说人类的生命与植物息息相关。人类及其他生物均靠大自然的养育而存活，尤其离不开植物，它们用生命供养着人类。但这种以生命为代价的付出，不仅没有得到很好的回报，反而被人类渐渐遗忘，忘记这些植物叫什么名字、生长在哪里、为人类提供了什么帮助。这就是人们常说的“自然缺失症”症状之一。

随着人类的不断进步与发展，人类所向往的都市生活已经实现，同时人类不惜花费巨资在大自然中打造出了自以为更能适合其生活的美好环境，建设了很多青砖灰瓦、钢筋混凝土结构的城市。它们已经把人类与自然隔离得越来越远。城市数字化与电子虚幻世界也在侵蚀着人类的文化发展与健康生活，周围的自然环境也被逐渐地淡化与漠视。人类的文明发展与健康的生活，以及美好的生存环境，正在面临着严峻的考验。

针对人类当前所面临的城市化问题，《手绘传奇植物科普丛书》编写组联合植物学领域内的同仁以及科学绘画与博物精品绘团队的画家们进行深入研究之后，给读者奉献了这套集科学性、趣味性、美学性和原创性为一体的自然科普系列图书，以此拉近读者与大自然的距离。本套丛书涵盖了《超级危险的植物》《媲美化学工厂的植物》《丰富可食的植物》《拥有特殊本领的植物》《特殊地域的植物》《即将消失的植物》《美丽的观赏植物》。

鉴于李青为在本套丛书编辑出版中的贡献，特将其增补为丛书主编。

丛书主编

2024年1月

前言

在美丽的大自然中，植物的花和果实有着非常重要的地位和作用。各种不同大小和颜色的花与果实，在不同的季节不仅能给周围的环境带来美的装饰，还能给很多昆虫和鸟类带来美味的食物与装饰素材。当然，我们人类也是很大的受益者，既能看到大自然中具有美丽花果的植物，又能吃到很多作为美味食用的植物。

为了装饰生活环境，我们会在家里面种植很多不同的树木或者花卉，对所居住的房屋或者小区楼房周围进行规划与设计，之后种植不同种类与生长特性的植物，把居住地周围的环境进行装饰。这样，我们可以在一年四季之中，感受和观察周围植物的不同变化，使我们的生活更加丰富多彩。但是，我们种植的这些植物都是经过人工驯化和栽培的，而在大自然中，还有很多美丽而又奇特的植物。

我们选择了大自然中的一些具有代表性和适合观赏的植物，以自然笔记的形式呈现观察记录，把这些美丽而有特色的植物展现给大家，希望在给大家带来美的享受的同时，能够唤起大家对自然进行保护的意识。只有大家齐心协力地把自然保护好，不去肆意伤害和破坏植物，这些美丽的生命才会一直出现在我们的生活之中。

文中引用了许多科学家的文献资料，在此表示诚挚的谢意！由于作者水平有限，内容尚存不足之处，恳请读者批评指正。

编者

2024年2月

目录

白头翁

Pulsatilla chinensis

绘图　葛若雯

01 白发苍苍的老者
——白头翁

在早春时节，大多数植物还没有苏醒发芽的时候，有一种植物却提前破土而出。它会先从地下的根状茎顶端生长出一两片嫩叶，然后，又生长出一枝花葶，花葶顶端生长出一朵紫色、大而美丽的花朵。如果俯下身去进行观察，会发现在花朵的中间，有一簇螺旋状排列的黄色雄蕊群和紫色的雌蕊群，颜色对比很强，非常漂亮。而且，这种植物还有一个非常有趣的名字，叫“白头翁”。

听到“白头翁”这个名字，大家肯定会很诧异，都知道有一种鸟的名字叫白头翁，植物的名字怎么会叫白头翁呢?

其实这种重名的现象，不仅会出现在我们人类世界里面，在动物和植物世界中也会有。植物的名称和给这个植物命名的科学家有很大关系。植物学家一般会根据植物的颜色、形态、大小、产地和纪念人物等方面来进行命名。植物白头翁取名就是因其与鸟类白头翁的形态非常相类似而进行命名的。鸟类的白头翁在两只眼睛的上方直至头后部，会有白色羽毛形成的环状结构，看起来就像一位头顶白发的老翁，所以取名白头翁。这个叫“白头翁”的植物在结果实之后的形态与鸟类的白头翁非常相似，所以取名白头翁。另外，白头翁在不同的地方还有老翁花、奈何草、老姑草、猫爪子等异名。

白头翁是毛茛科大家族里白头翁属的一个成员。白头翁属在欧亚大陆的温带地区广泛分布，中国约有11种，从东北、华北、西北再到西南均有分布，是山地林缘常见的一类草本植物。其实在白头翁属里还有40多种白头翁，分别以所属地方和形态来对其进行命名，如蒙古白头翁、细叶白头翁、朝鲜白头翁等。

早春季节，由于气温较低，很多昆虫还没有出巢，白头翁的花就已经盛开了。植物在开花之后，需要借助一定的媒介来完成授粉的过程。白头翁的花会吸引一种早春的食蚜蝇来帮助其传播花粉。授粉之后，经过一个多月的生长发育，它就会结出丰硕的果实。这种果实非常有意思，是由一堆瘦果聚集而成的球形组合体，在植物学中被叫作“聚合瘦果”。每个瘦果的顶端都会有一根宿存的花柱，像一条长长的“尾巴”，上面还生长着许多白色的毛，在干燥之后会伸展开。所以，远远望去，整个果实就像一位白发苍苍的老翁，真实恰如其名啊!

白头翁的果实在完全成熟之后，会借助风的力量完成种子的传播。种子在风力的吹动下，脱离母体，种子靠着“尾巴”上的毛毛飘在空中，带着希望与憧憬，飞到更远的地方去，在适宜的条件下生根发芽，延续下一代的生命。

秤锤树

Sinojackia xylocarpa

绘图 葛若雯

02 此秤锤非彼秤锤
——秤锤树

每年夏季，江苏南京等地有一种特有的植物正是结果时期。这种植物的果实下垂，有细长的果柄，形状非常可爱，像秤锤一样，这也是此种植物名称的由来，名叫秤锤树。

秤锤树是安息香科家族中的植物。这个家族中有11属、近200种。大部分成员都生长得比较奇特，有很多也是漂亮的观赏花卉，如银钟花、陀螺果、茉莉果、木瓜红等，秤锤树就是其中之一。

秤锤树是中国特有的落叶小乔木，生活在山地丘陵的杂木林之中。在春季幼叶刚刚长出不久的时候，白色的花朵就已经开放。3～5朵花簇生在一起。花梗柔弱而下垂；花冠钟形，有5个裂片，里面着生有雄蕊和雌蕊。在每年春季的3—4月，满树盛开着雪白的小花，清纯可爱，高雅清新，经常会有许多蜜蜂和食蚜蝇进行采蜜和传粉活动。

秤锤树的果实下垂，卵圆形，先端还有一个圆锥状突起的喙，整个果实连同吊着它的果梗犹如一个个挂在秤杆上的秤锤。这也正是它的特色所在。成熟的果实木质化程度很高，比较硬。果实的表面生长有许多绿褐色的斑点，如果咬一口的话，还是挺硌牙的。等到秋季的时候，尤其在叶子掉落之后，果实仍然宿存在枝条上，一串串悬垂的“秤锤”随风摇摆，极具野趣，有很高的观赏价值。

秤锤树由中国植物学奠基人胡先骕先生命名，是中国人命名的第一个物种，很有纪念意义。其学名中的属名“*Sino*”就是中国的意思，“*jackia*”是致敬胡先骕先生的博士生导师John George Jack，而其种加词是木质化的果实的意思。

秤锤树在《世界自然保护联盟濒危物种红色名录》中属于濒危（EN）等级。其特产于中国的江苏省，在南京市幕府山、浦口区老山和句容县宝华山有零星的分布。现在国内外的许多植物园都已引种栽培，但野生的植株却已经是非常少见。由于低山区森林的破坏、人为的砍伐等原因，秤锤树已经在濒临灭绝的边缘，被列为国家二级保护野生植物。所以，我们在欣赏它的美丽的同时，也要珍视它的宝贵，否则我们的后代就只能从照片中观赏它了。

吊瓜树

Kigelia africana

绘图 葛若雯

03 名副其实的“精明设计者”
——吊瓜树

近些年来，中国华南地区的一些城市在绿化过程中，引种了一种神奇的植物。这种植物不仅树姿优美，花序在开花之后会从树枝之间一串串的下垂，花大、红而艳丽。尤其是其果实，形状像吊瓜一样，一个个从树上垂下来，经久不落，新奇有趣，所以取名吊瓜树。除果实之外，它的可爱之处还体现在它是“识时务者”和“精明的设计者”。

吊瓜树是紫葳科大家族中的一种大乔木，原产于非洲大陆，在雨林和草原地带都有分布，是不是觉得很奇怪？草原和雨林的环境差异那么大，它怎么都能够生存呢？这就体现它在生长过程中比较灵活的一点了。吊瓜树生长在降水丰沛的地区可以保持常绿，生长在季节性干旱的草原地区则会在旱季落叶。怎么样？够“识时务”吧！

吊瓜树下垂的花序上面着生有约10朵花，花梗向上弯曲，从而使花向上开放。它的花冠很大，褐红色，呈大喇叭状；花冠的底部存有大量的花蜜。白天，会有部分蜜蜂，甚至鸟儿被它的花的颜色吸引，前来访问它的花朵，进行采蜜，同时协助吊瓜树完成传粉工作；特别值得一提的是那大而厚实的花冠底部，可以供鸟儿在上面稳稳地站立，为传粉者提供了便利的条件。到了晚上，花朵依然保持香味，这是为了吸引另一类传粉者——蝙蝠的到来。蝙蝠靠着敏锐的嗅觉跑来饱餐一顿，同时也给吊瓜树进行传粉。怎么样？看到吊瓜树为传粉和繁殖后代而这样设计自己的花朵，是不是觉得它很聪明，是一个名副其实的“精明设计者”呢。

吊瓜树的果实是一种质地近似木质的浆果。它果实的长度不一，有的长度为30～100厘米，宽度可达18厘米，重量有5～10千克，这全靠着结实的果梗倒吊挂在树枝上，蔚为壮观。这也是吊瓜树最具观赏价值的地方。在木质的果皮下有肉质多浆的果肉。在非洲原产地，有许多动物爱吃这种果实，如大象、长颈鹿、河马、狒狒、猴子等，还有一些鸟类，如鹦鹉也会啄食它的种子和果肉。吊瓜树的种子在这些动物体内不会被消化，而是随着它们的粪便排出体外，在新的地方生根发芽。但其果实对于人是有一定毒性的，再加上其木质化程度较高，所以人类不能随便食用。

吊瓜树在中国热带地区的许多植物园和庭院中都已经引种栽培，甚至将其作为城市中的行道树，但是在栽培时要注意选择地方和环境，不要种到人流量大的地区，在不少地方都发生过果实掉落砸伤行人甚至砸坏车辆的事故。

钉头果

Gomphocarpus fruticosus

绘图　葛若雯

04 “气球状”果实上长满了“钉子”——钉头果

在众多切花材料中，除了有美丽多样的鲜花，还有形态各异的果实。甚至有的果实生长的样子匪夷所思。就有这样一种植物的果实，形状像气球，按一下会扁，但会很快复原。在果实的表面有很多粗毛，像是用锤子打进去的钉子，非常奇特，所以根据其形态取名钉头果，又叫气球花、气球果、棒头果、风船唐绵等。现在中国南方各城市及北方的部分温室中被广泛栽植。

钉头果是夹竹桃科大家族的成员，原产于非洲热带地区，目前已被引种到世界各地，栽培用于观赏。它和吊灯花一样，钉头果的花也是符合夹竹桃科的特征：5枚雄蕊合生在一起；花粉都聚集成团，形成花粉块。在雄蕊基部周围有许多蜜腺，会有很多蝶类、蛾类过来吸食花蜜，顺带给钉头果传粉。

钉头果的花在花朵授粉、花瓣凋落之后，子房会逐渐增大，发育成形似气球样的果实。它的子房首先裂成两半，然后各自发育成一个蓇葖果，但最终通常只有一个能发育成熟。果实的外果皮很薄，淡黄色、绿色，上面有许多软刺；整个果实肿胀成气球一样，用手轻轻挤压，会有少许空气溢出。在果实里面有许多带有“翅膀”的种子，其实那不是翅膀，而是在种子顶端生长的绢质长毛；在果实成熟破裂后，这些种子就会随风飘散，到远处适宜的地方生根发芽。由于这种种子传播能力强，钉头果具有很强的生存能力和扩散能力。因此，除了原产地，它也在其他地区的一些公园、路边或村落旁都能自己生长起来。

钉头果虽然可以供玩赏，但是全株有毒；和夹竹桃科的其他植物一样，它的植株内部充满了乳汁，有一定毒性，不能随便食用。但是，在动物中，却就有不怕死的英雄可以耐受钉头果的毒性，专以它的叶片为食，比如黑脉金斑蝶。它是世界上少见的有迁徙习性的蝴蝶，它的幼虫就可以以钉头果的叶子为食。正是靠着能耐受毒性的体质，这种蝴蝶才从原产地美洲扩散到亚洲、欧洲和大洋洲的许多地方，在新的家园繁衍生息。不过呢，这对钉头果来说可是有双重作用，幼虫吃叶子，成虫帮助传粉！相伴而生，多么神奇的大自然啊！

猴耳环

Archidendron clypearia

绘图 葛若雯

05 果实像耳环挂在树上

——猴耳环

有很多植物的名字都是根据其颜色、地名和形状来取名，这样就很容易根据其特点认识植物。在中国华南地区的季风常绿阔叶林中，生活着一种很有趣的木本植物，它的果实形状似耳环，像猴子一样吊挂在树上，所以取名猴耳环。由于喜欢长在沟谷或山坡的林缘处，其果形奇特，具有观赏价值，在中国华南和西南地区是很好的观赏树种。

猴耳环属是豆科大家族含羞草亚科中的成员，跟我们常见栽培的含羞草、合欢树的关系比较近，但在形态上，它却跟含羞草和合欢树都不相像，而是有自己的特点。

猴耳环的叶子是二回羽状复叶；小叶菱形，排列得很整齐，而且从顶部向下依次变小。和豆科的大部分成员一样，它的小叶是会活动的，在小叶基部的叶柄处有个关节状的结构。到夜晚时，由于关节的运动，每一对小叶都彼此向对方靠拢合并，进入晚间休息的状态。翌日清晨时又展开来，以便更好地接受阳光。

到了开花时节，猴耳环就会长出一串串头状的花序，跟合欢的花序类似，但个头要小一号。每个花序有十几朵花，每朵花又有十几枚长长的雄蕊。细长的雄蕊有着亮晶晶的白色花丝，向外伸展，远看就像一个个白色的小绒球。由于花的香气比较浓郁，这时就会吸引很多蜂类和蝶类昆虫前来采蜜和传粉。

猴耳环的果实与我们常见的菜豆、豆角、大豆、绿豆、红豆等果实一样，都是荚果。但它的果实跟普通的豆荚的果实不同，在生长过程中会螺旋状弯曲，首尾相交，呈环状，就像一个大大的耳环。不过，这么大的耳环，比猴子的耳朵都大得多，估计只适合大象佩戴了。在成熟之后，果荚会裂开，露出里面光亮的黑色种子，来吸引动物取食它们。在动物肠道内未被消化的种子会随着粪便排出体外；遇到合适的温度和湿度，就会在富含营养的粪便堆上发芽，生长成下一代新的植株。

猫儿屎

Decaisnea insignis

绘图 葛若雯

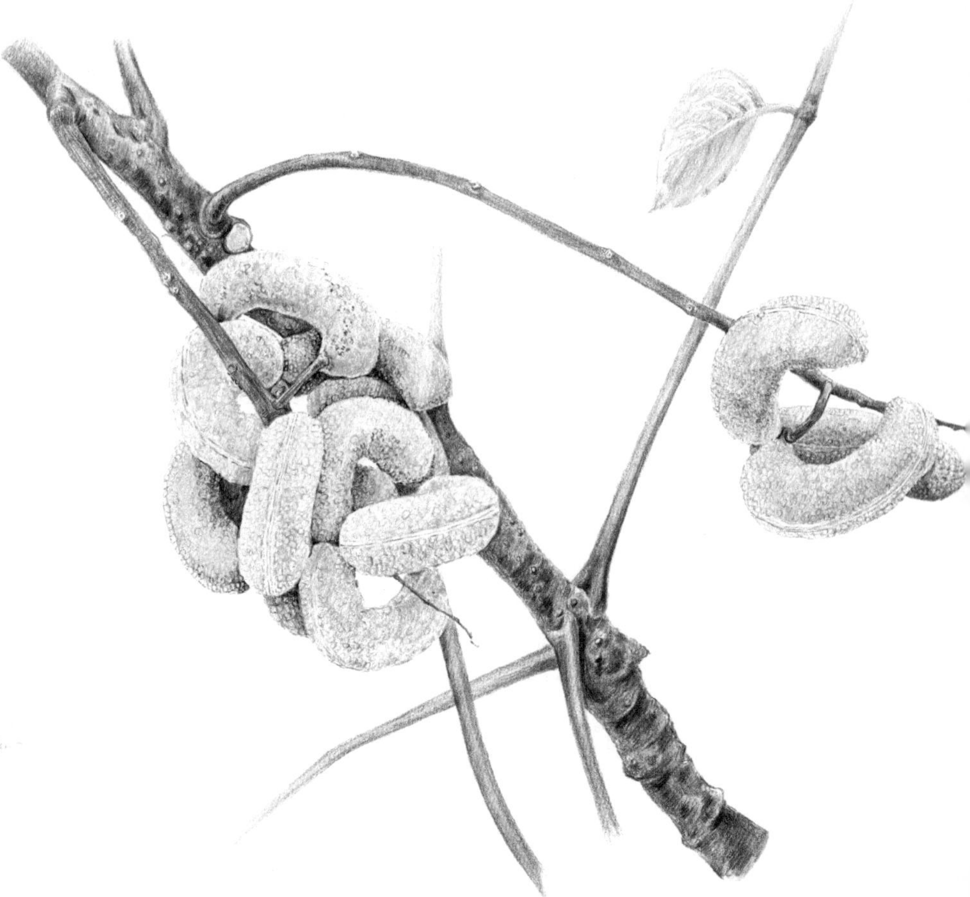

06 果实像“猫儿粑粑”
——猫儿屎

在四川巴中、湖南桑植与湖北恩施等地，生长着一种奇特的植物，它的果实形状很像猫儿拉的屎，所以取名猫儿屎。也叫鸡肠子、猫屎爪。这个名字起的口味虽然有点重，也很俗，看上去也其貌不扬，但它的全身都是宝。

猫儿屎是木通科家族的特殊分子。这个家族的成员大多数都是木质藤本植物，唯有猫儿屎是个例外，它偏偏是直立的灌木。猫儿屎广泛分布于中国中部和西南部地区，向北可以达到秦岭，喜欢生长在山坡灌丛中或阴湿的沟谷林下。

猫儿屎的叶子是羽状复叶，长可达80厘米，小叶有20多片。这与木通科的其他类群明显不同，木通科植物通常都长着3枚小叶至多枚小叶的掌状复叶。在春季4—5月，猫儿屎就会抽出花序。单性花生长在同一花序上，既有雌花，又有雄花。由多个总状花序组合成下垂而疏松的大型圆锥状花序。每一朵花也是下垂的，有6个黄绿色的“花瓣”——实际上是花萼，它的花瓣已经退化。其实猫儿屎的花是没有完全分化好的单性花，它的雄花里有退化的雌蕊，雌花里也有退化的雄蕊，这也说明单性花是由两性花演化而来的。

“猫儿屎”这个名字的特点在其果实上面得到了充分的证实，简直是形如其名。果实在幼嫩时是直立的，随着时间推移，会在渐渐长大的过程中变得弯曲，再加上果皮颜色是灰绿色，民间就根据这个特点给它起了“猫儿屎”这个名字，又因其果实是肉质多汁的浆果，所以人们也叫它“猫屎瓜”。它的果实可以食用，味道很好，在民间某些地区甚至拿来酿酒。当然，在野外环境中，它主要是给动物吃的，依靠动物将它的种子带到远处去传播。

除了可食用，猫儿屎还有许多用途，它的果皮中含橡胶成分，可用于制作橡胶用品；种子含油，可以榨油；根皮和果实在民间也供药用。没想到形态如此其貌不扬的植物还有一个不雅的名字和并不漂亮的外观，却有如此大的用途呢！

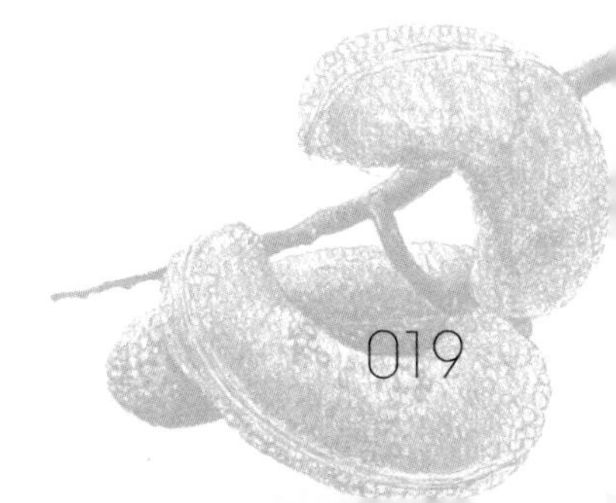

米口袋

Gueldenstaedtia verna

绘图 葛若雯

07 果实像装米口袋
——米口袋

在中国北方地区的早春时节，经常会见到一种可爱的草本植物，尤其在结果之后，其果实像一个鼓鼓的缩小版的米袋，因此取名米口袋。在平原和山区，甚至村旁、路边，都能见到它的身影。

米口袋属于豆科大家族的成员，每当春季到来的时候，米口袋在贴近地面的地方发芽生长，是很不起眼的幼小草本植物。如果不细观察很难发现它。米口袋没有地上茎，叶子贴着地面生长，叶丛中会有几朵紫色的小花静静地开放着。如果只看地上部分的外形，就会感觉它很弱小，会担心禁不起冬天的摧残。其实并不是这样，米口袋是多年生的植物，它有非常粗大的主根，深深埋在地下。这条主根的直径每年只会增长一点点，甚至连1毫米都不到，每年都积累一定的养分，供植株来年春天发芽时使用。所以，米口袋就靠着这个粗壮的主根年复一年地维持着自己的生命，甚至有些植株的年龄有十几年呢。

米口袋的叶子是奇数羽状复叶，都是从主根顶端露出地面的很短的茎上长出，因此小叶长条形。为了抵抗北方早春时节夜晚低温的寒冷，它的小叶上下两面布满了茸毛。米口袋的花序也从主根顶端的叶腋中长出，花序梗比较细长，在先端着生2～4朵紫色的小花。它的花很符合豆科植物的特征：长着标准的蝶形花冠，最外面是大型的旗瓣，再往里是2枚较小的翼瓣，最里面是2枚靠合在一起的龙骨瓣，但米口袋的龙骨瓣非常小，不仔细瞧是看不到的。

米口袋的花期很短暂，早春过后，它便专心长叶子了，制造养料以供果实发育。在结果期，它的叶子能够长得很大，可以达到30厘米，是花期时的3倍多。这时如果再见到它，你就有可能认不出来了。这时在它的果序顶端有2～4枚条形的果实，上面布满茸毛，也是为了在早春起到一定的保暖作用。

米口袋和豆科其他植物一样，果实是荚果。但它的荚果有点特别，可不是像豆荚那样扁扁的，而是鼓鼓囊囊的，像一个小型麻袋，里面有许多粒种子。整个果实看起来就像一个装满了大米的麻布口袋，于是它才有了一个形象而可爱的名字——米口袋。到成熟时，这个口袋会自己打开，露出里面的种子。种子们自行落地，或者被小动物搬走——比如勤劳的蚂蚁，它们就在地面上或者蚂蚁的洞穴里生根发芽，长成新的植株。

棋子豆

Archidendron robinsonii

绘图　葛若雯

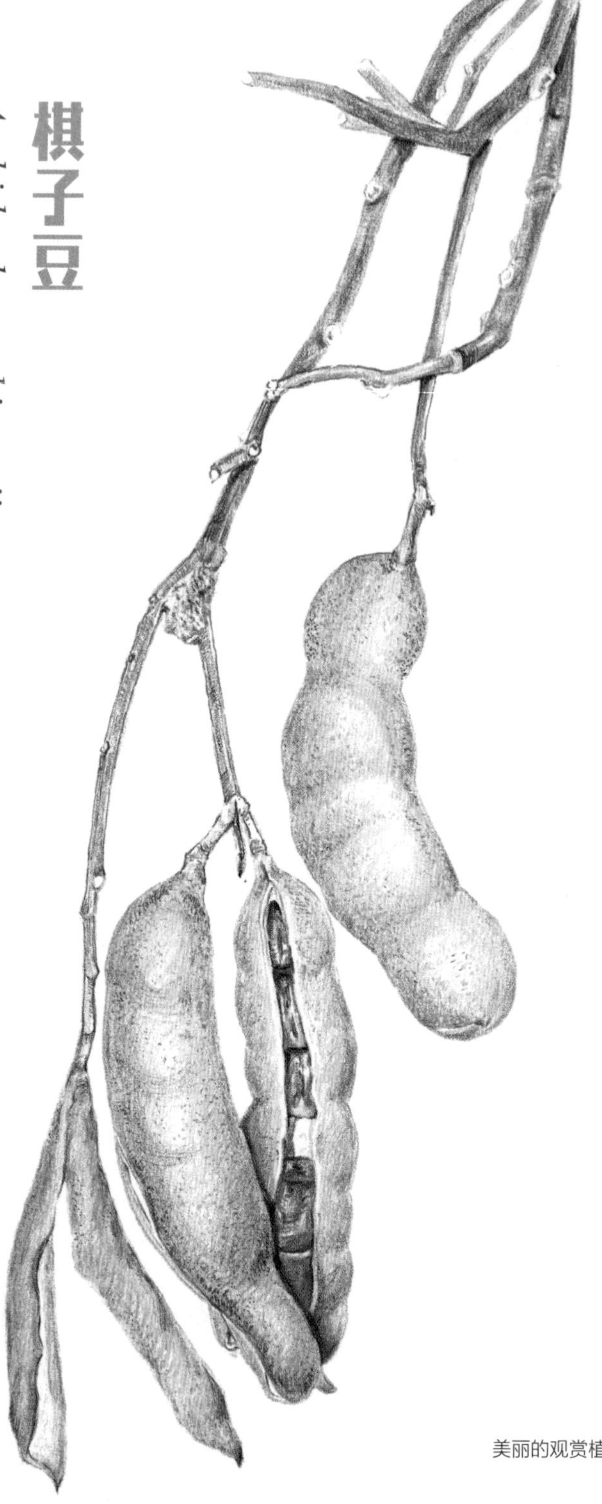

08 种子形似象棋
——棋子豆

在亚洲热带地区的丛林之中，生长有一类奇特的木本植物，它的种子在成熟之后，形状就像棋子一般，所以取名棋子豆。

棋子豆和猴耳环一样，都是豆科猴耳环属的成员，整个属的植物有10余种，自中国广西和云南南部一直分布到中南半岛和马来半岛。但它的样子与猴耳环、含羞草、合欢等都相差甚远。

棋子豆的叶子是二回羽状复叶，但羽片不像猴耳环那么多，通常只有1～2对；每个羽片上的小叶也非常宽大，长达10厘米以上，宽可达5厘米以上，有的种类甚至长可达30厘米。在小叶的叶柄基部还常有深凹陷的坛状腺体，据说这样的腺体可以模仿呈现某些蝴蝶的卵的形状，如果有蝴蝶发现这上面已经有了“卵”，就不会再在上面产卵了，从而小叶就避免了被蝴蝶幼虫破坏。由此可见，植物的“拟态”主要通过逼真的模拟来欺骗动物从而保护自己。

棋子豆的花也是头状花序，由许多头状花序再组成巨大的圆锥状花序。但与猴耳环相比，它的每个单独的头状花序比较小，每朵花的雄蕊也比较短，远看像一团团密集的白色小绒球，点缀在枝端的叶丛之中。

棋子豆的果实是荚果，是非常粗大的圆柱形，长度可以达到20厘米，宽度超过3厘米。成熟时，果实的一侧开裂，像一张长长的大嘴露出里面的牙齿一样，把黄褐色的种子暴露出来。它的种子是最有意思的，除了果实两端的种子是半球形，其余的每一颗都是扁圆柱形，上下两面还有深浅相间的条纹，就如同木头做的象棋棋子。如果将这些种子收集起来，再刻上“车”“马”“象”“炮”等字，就可以下棋了！

棋子豆是国家二级保护野生植物。其喜欢生在沟谷之中，尤其是溪流旁。有些种子成熟后会被小动物搬走，到新的地方萌发、成长；有些则会落到水里，被溪流冲走，在更遥远的地方安家落户。

鼠眼木

Ochna serrulata

绘图　葛若雯

09 果实像米老鼠的眼睛
——鼠眼木

迪斯尼有一部风靡全球的动画片，叫《米老鼠和唐老鸭》。片中主要以米老鼠、唐老鸭、大狗布鲁托的活动为主要线索。在植物的世界里，也有一种树叫“米老鼠树”（英文名Mickey Mouse bush），也叫鼠眼木，就因为它身体的某一部分酷似米老鼠而得名。

鼠眼木是金莲木科家族的一种灌木。它的原产地在南非，生于山地林缘或向阳山坡上，现在已经被世界各热带地区的植物园引种栽培。

鼠眼木是落叶灌木，在春季或者秋季均可以开花。它的花有5枚爪形的花瓣，而且与梅花相似，但颜色是黄色，再加上叶缘有锯齿，像桂花的叶子，所以它又有另一个名字，叫桂叶黄梅。在中国南方，不管是春天还是秋天，气候都是很温暖的，所以总会有很多种昆虫来给它传粉，以保证结果的顺利进行和果实数量的增多。在花期，完全想象不到它与米老鼠有什么关系，但等到授粉结束后，情况就发生变化了。

黄色的花瓣在授粉之后就会掉落，但花萼和雄蕊却仍然留在花托上，并且逐渐变成鲜红色；雌蕊则会深裂为几部分，各自发育成球形的果实。果实在细嫩的时候是绿色的，成熟之后逐渐变成黑色的。这时，红色的花萼相当于耳朵，球形的果实相当于鼻子，而许多丝状的雄蕊则相当于胡须。整个结构看起来就像是米老鼠的脸——红脸、红耳朵、红胡须、黑鼻子。由于鼠眼木的可爱造型，现在越来越受到人们的喜爱。当你在南方的植物园或公园中漫步时，请仔细观察周围的植物，也许会有机会遇到可爱的米老鼠树哦！

看到这里，你是否会想，还有没有唐老鸭树啊？很可惜，目前还没发现长相像唐老鸭的植物，不过呢，倒是有一种草本植物长得很像鸭子，请看后文中的介绍！

水金凤

Impatiens noli-tangere

绘图　葛若雯

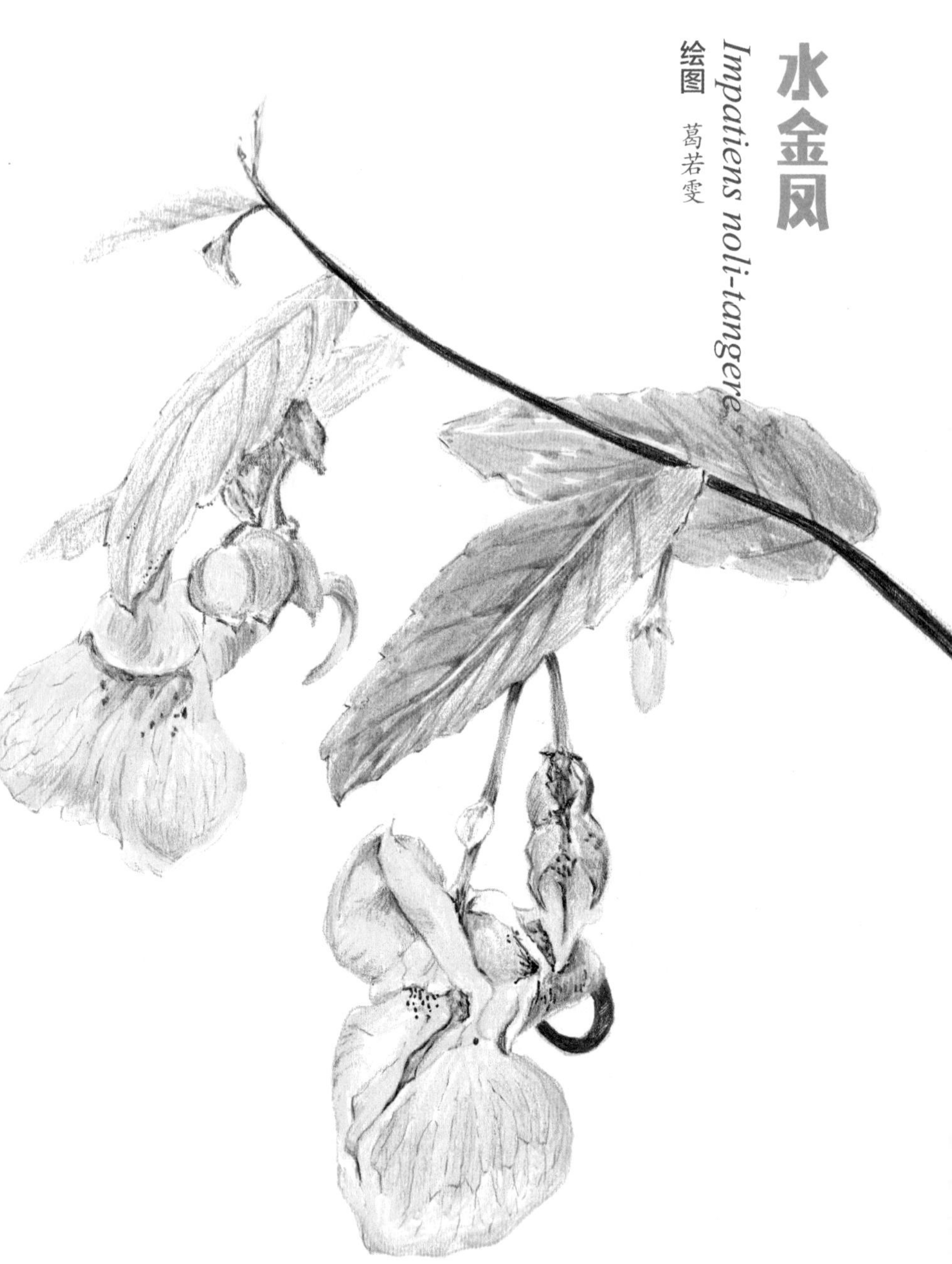

10 植物中的“急性子”
——水金凤

提起凤仙花，大部分人都不陌生，它是中国民间庭院中广为栽培的花卉，不仅花开艳丽、漂亮，还可以用来染指甲，所以又叫指甲花。现在我们要介绍的是它的亲戚——水金凤。

水金凤和凤仙花都属于凤仙花科大家族的成员。这个家族的成员有1000多种，广泛分布于世界各地。水金凤主要产于中国东部地区和俄罗斯西伯利亚地区，它喜欢生长在沟谷溪边或者林下湿润的地方。水金凤的花和果实都非常有特点，精巧的构造使它能够顺利地传播花粉和种子。

水金凤的花是黄色的，整个花的构造比较复杂。在花的前方有5枚花瓣，上面1枚，侧方2枚，下方2枚，它们一起组成唇形的结构。在侧方2枚的花瓣上面有红色的斑点，那也是标识给昆虫看的，告诉它们这里面有花蜜，昆虫就会到此吸食花蜜，由此就完成了授粉。在花的后方有1枚特化的萼片，被称为“唇瓣”，漏斗形，最末端还会延伸成一个弯曲的距，里面藏着花蜜，大家猜测一下，这样储藏花蜜是吸引哪种类型的昆虫呢？在花的内侧上部有1枚雌蕊，雌蕊外面包围着5枚雄蕊。

水金凤的花是靠蜂类进行传粉，花的前方构造恰好适合一只蜂钻进去采食花蜜，而这时5枚雄蕊的花药正好对着蜜蜂的背部，能将花粉抹上去。经过数只蜜蜂的来访之后，所有花粉都已用光，这时雄蕊就会自动脱落，露出里面成熟的雌蕊。若再有带着花粉的蜂来访时，就可以把自己背部的花粉涂抹到柱头上，从而完成传粉。这正是水金凤在长期进化过程中形成的一种习性——通过同一朵花上的雌蕊和雄蕊不同成熟时间而避免自花传粉的机制。

在授粉完毕之后，所有花萼、花瓣都会脱落，雌蕊开始发育为果实。水金凤的果实是肉质的，而且里面暗藏机关。成熟时稍微碰触，果实就会弹裂开，将里面的种子弹到数米远的距离之外。事实上，凤仙花属的所有种类都有这个特性，此属的属名“*Impatiens*”的意思就是“急躁的、没有耐心的”，而中国民间管凤仙花叫“急性子”，也是同样的道理。水金凤的种加词“*noli-tangere*”的意思是“别碰我”，与它的英文名“touch-me-not”如出一辙。当你在野外或庭院中遇到凤仙花属的植物时，不妨去碰一碰它的果实，感受一下这一类植物构造的精巧！

报春花

Primula malacoides

绘图 葛若雯

11 春天的信使
——报春花

报春，在中国古代是一种民俗，就是立春的时候，让人扮演成春官、春吏的样子，在街市上高声喊叫“春来啦”“春到啦”，将春天来临的消息报告给邻里乡亲。然而，在植物之中，也有充当这样角色的成员，这就是报春。

报春是报春花科大家族的一个属，属内有500多个成员，主要分布在北温带的寒冷地区和西南高山地带。中国的报春种类最为丰富，有将近300种，多半分布于西南地区的云南、四川、西藏三省（自治区）。它们中有许多种类在积雪刚刚融化时就钻出地面，盛放花朵，告诉大家春天来了，因此才得名“报春”。

实际上，大多数报春并不是在春天开放的，而是在夏天，这是因为报春花属多数的种类都生活在高海拔的山上。唐诗有云“人间四月芳菲尽，山寺桃花始盛开”，在这些地区一年中有半年的时间被积雪覆盖，等到冰雪消融、报春开放之时，平原地区已经在过夏天了，所以这时的花应该叫作“报夏”了。但不管怎样，对于高山地区来说，这时候仍是春天，我们还是叫它“报春”吧。

报春花的叶子都集中生在基部，形成莲座状，只在开花时才长出地上茎，也就是花莛。它的花在花莛上成轮状生长，有的种类只长一轮，有的种类则会长多轮。报春花的花色较多，有粉色、紫色、红色、白色、黄色、蓝色等，甚至同一种报春花的不同植株都可呈出现多种颜色。这样多姿多彩的花朵，会吸引很多传粉者前来。报春的花是两性花，花冠通常是漏斗形，先端5裂，而雌雄蕊则藏在下面的花冠筒里。为了保证异花传粉，绝大多数的报春都采用了花柱异长的方式，既在同一植株上有两种类型的花：一种雄蕊长、雌蕊短，一种雌蕊长、雄蕊短。同一种昆虫的喙的长度是固定的，当它的喙能够到长雄蕊的深度时，就只能将花粉传到长雌蕊的另一朵花上去；当它能够到短雄蕊的深度时，也只能将花粉传给短雌蕊的花。看到这里，我们不得不佩服，报春还有如此精明的地方，感受到大自然的神奇和生命的智慧。

报春艳丽的花朵早已引起人们的注意，已有不少种类被引种栽培作观赏花卉，如藏报春、报春花、鄂报春等都是常见的栽培种类。但是，报春的绝大多数种类由于喜欢冷凉的环境，不容易引种成功，它们到现在也只能在高海拔地区静静地开放，如果你想要欣赏这些种类的报春，只能到高山之上去寻找它们。

北极花

Linnaea borealis

绘图　葛若雯

12 备受林奈喜爱又低调的植物
——北极花

在寒温带地区的林下，生长有一种非常低矮、外形像草本的小灌木，名叫北极花，由于是现代植物分类学鼻祖林奈命名的，所以也叫林奈木，深受林奈先生的喜爱。

林奈是17世纪瑞典的博物学家，由他开始，植物和动物的分类学都进入了系统命名的新时代。他开创了动植物的双名法命名规则，以后的分类学家都遵循这一规则。林奈喜欢用人名来起植物的属名，比如希腊、罗马神话中的人物名，历史上的植物学家或其他学科的著名学者之名，林奈本人的老师、学生及好友之名等。而由于自谦的原因，林奈始终没有用自己的名字命名植物。后来林奈的老师格罗诺维斯（Gronovius）提议用林奈的名字命名北极花这种植物，随后就被林奈采纳了。于是，在1753年的巨著《植物种志》中，林奈正式发表了这种植物的名字，以自己的名字为属名，而种加词“*borealis*”则表示此种植物是环北极分布的。

北极花是忍冬科家族的成员，与科内六道木属、猬实属的亲缘关系最近，在中国也有分布，产于新疆、内蒙古和东北地区，它喜欢生长在针叶林下的苔藓丛中。虽然生在北国的寒冷之地，但它的叶片却是常绿的，这是靠什么本领呢？其实主要是靠“低调”，它的茎匍匐在地面上，叶片很小，长度只有1厘米，在冬季来临后，它的整个植株埋藏在苔藓和落叶丛中，靠它们保暖，可以躲过冬季的严寒。正是它这种低调的精神，才使它能在严寒的环境下保持自己倔强的绿色。

每年7—8月，北极花就会从匍匐茎上抽出花莛，在顶端着生两朵下垂的小花。由于小花是成对生长，所以它的英文名叫作“twinflower”，意思是“孪生花”。花冠是淡粉色的，在花冠内部还有深颜色的条纹。它靠一些小型昆虫，如蜂类或蝇类来传粉，仔细观察的话，会发现它的花形及传粉昆虫与亲戚六道木、猬实是一样的。

林奈非常喜欢这种以自己名字命名的小花，他在晚年经常将北极花拿在手中或放在胸前请别人给自己画像。如果你有兴趣的话，可以在网上搜索林奈的图片，会发现他的多数画像中都会出现这个可爱的小精灵——北极花。

吊灯花

Ceropegia trichantha

绘图 葛若雯

13 花朵盛开像吊灯
——吊灯花

很多植物漂亮的花不仅靠颜色和味道来吸引人的喜爱，还要靠生长的形状和特殊的生长方式。在藤本植物中，就有很多生长着外形独特的花朵的植物，吊灯花就是其中之一。

吊灯花是夹竹桃科大家族中的一个属，在全世界约有170种。它们在全球的分布范围很广，从非洲到亚洲热带，直到中国西南部地区，都能看到它们的身影。

吊灯花是多年生的草质藤本植物，常常在地下有一个膨大的块茎，用于旱季或冷季贮存养料。块茎之上会长出数条藤蔓，藤蔓上再生长出叶片。每隔一年或者几年，地上部分的藤蔓就会枯死，等到来年再从块茎上长出新的枝条。

吊灯花的花很有特色。它的花冠是长筒状，基部略微膨胀，向上变细，在开口处有5个短的裂片，裂片互相粘连在一起，周围还有很多黑色的缘毛，同时，在裂片的外侧还会有一些深色的斑点。整个花的外形看起来就像一个装了灯座的吊灯，这也是“吊灯花”名字的由来。那么，吊灯花为什么要长成这么奇怪的样子呢？当然是为了传粉，再深入一点说，是为了更好地繁殖后代。和夹竹桃科其他成员一样，吊灯花的5枚雄蕊是合生在一起的，而且花粉都聚集成团，形成花粉块。这些合生的雄蕊包围着中间的雌蕊，柱头向上稍露出，不过，上面描述的雄蕊、雌蕊的这些特征从花的外表上是看不出来的，它们的位置在花冠基部膨大的那一部分。

对于一些具有长喙的昆虫（比如蝴蝶、蛾子）来说，在吊灯花花冠开口处的黑毛和深色斑点是一种指引信号，告诉它们里面有花蜜可以吃。于是，许多传粉者来到了吊灯花的门前，它们将长长的喙从两个花冠裂片之间伸进去，直达最里面的雌雄蕊，取食花蜜。同时，在它们的喙上就沾满了花粉块，当这只虫子再去造访其他花朵的时候，就把花粉带了过去，从而完成了授粉。

在吊灯花属中有一种产自非洲的成员，名叫吊金钱，现在经常被人们用来栽培作观赏花卉。它的叶子由于长期耐旱的演化已经成了厚厚的肉质，心形的叶子对生也非常可爱，因此它还有几个更浪漫的名字叫“爱之蔓”“心心相印”，于是，这种植物也变成了不少表达感情和爱意的甜蜜媒介。

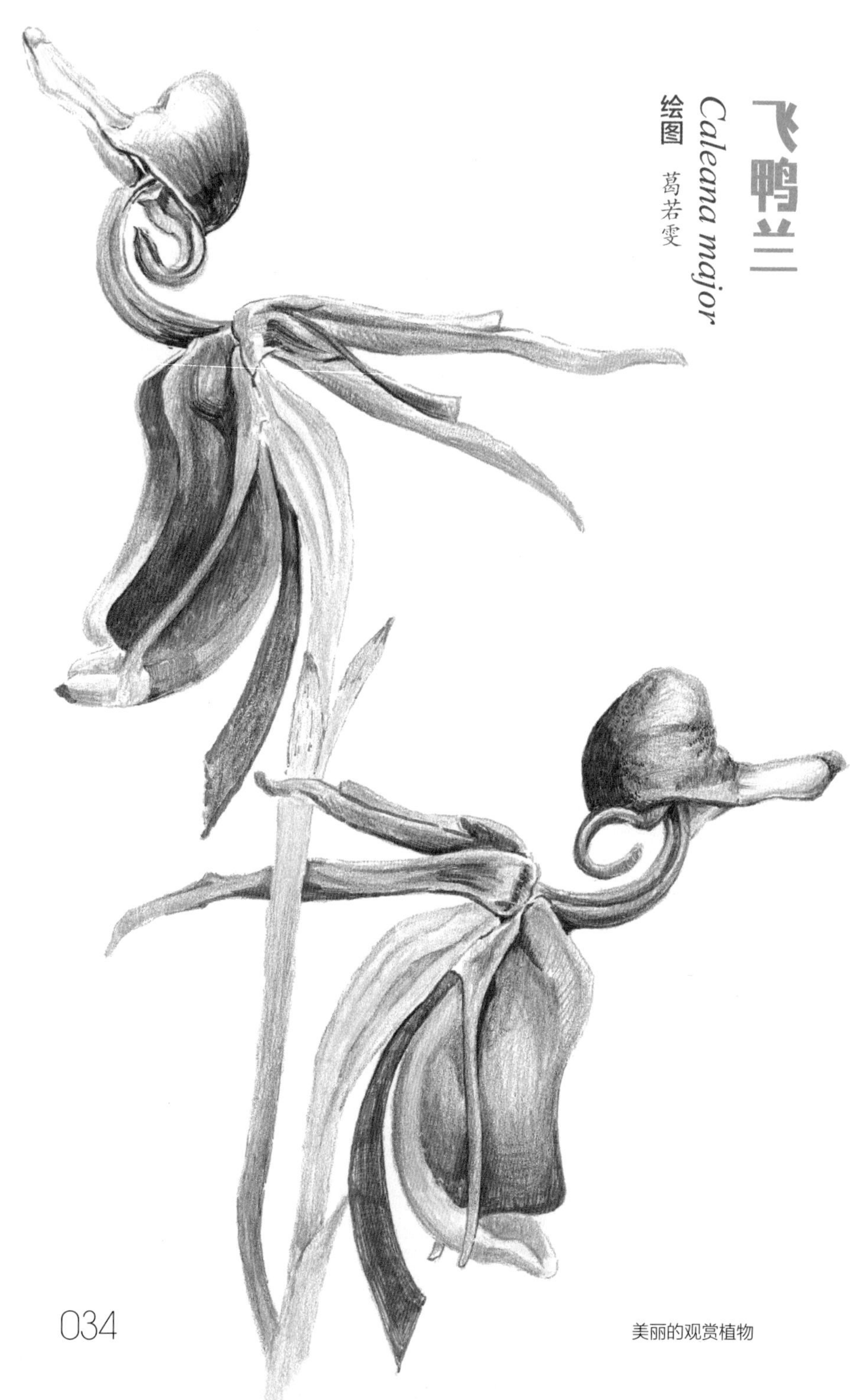

飞鸭兰

Caleana major

绘图　葛若雯

14 花朵像飞鸭
——飞鸭兰

在前文中，我们介绍了米老鼠树，现在给大家介绍它的“搭档”，那就是生长在澳大利亚的飞鸭兰。

在澳大利亚，不仅会有可爱的袋鼠、鸭嘴兽等当地特有而可爱的动物，也有很多生长奇葩的植物。飞鸭兰的花外形像鸭子，是兰科大家族的成员，主要产于澳大利亚的新南威尔士、昆士兰、南澳大利亚州，以及塔斯马尼亚岛。

飞鸭兰是一种小型的地生兰花，在生长季节一般只在茎的基部长1枚叶片，到花期的时候就会由叶片中间向上抽出花莛，顶端着生1～2朵花。和其他的兰花一样，它的花朵也有3枚萼片（包含1枚上萼片和2枚侧萼片）、2枚普通花瓣、1枚特化的唇瓣，以及雌雄蕊合在一起的合蕊柱。它的合蕊柱很宽大，像鸭子的肚子。两枚花瓣细长，紧贴在合蕊柱的两侧。一枚上萼片位于合蕊柱的后方，基部狭窄，先端逐渐变宽，像鸭子的尾巴。两枚侧萼片在中间位置，向后反折，像鸭子展开的翅膀。唇瓣最为特殊，它的基部是一段弯曲的可以活动的关节，相当于鸭子的脖子，先端则膨大成一个酷似鸭头的结构。整朵花看起来就像一只振翅欲飞的野鸭，它的名字也由此而来。

为什么它会长成这种奇特的模样呢？其实还是与传粉有关。在漫长的进化历史中，许多种类的兰花都演化出了特殊的传粉本领，飞鸭兰采用的是欺骗手法。它靠膜翅目的叶蜂类昆虫帮助传粉，但是不给任何回报——没有任何花粉和花蜜。如果碰一下唇瓣先端，也就是“鸭头”的部分，会发现它可以上下晃动，因为“鸭脖”部分与花托的连接处是有关节的。“鸭头”部分在雄性的叶蜂看来非常像雌性叶蜂，因此，雄性叶蜂看到这样的“雌性同类”之后，就迫不及待地上去寻求交配，但是事与愿违，它用6条腿紧紧抱住“雌蜂”，振动一双翅膀拼命地要把它带走，得到的结果却仅仅是随着“鸭脖”上下晃动。在晃动过程中，如果雄蜂的头部恰好碰在“鸭身”（合蕊柱）部位上，蕊柱上的花粉块就会粘在雄蜂的头部。等到雄蜂使尽浑身解数，最终决定放弃这只“雌蜂”后，就会悻悻地离开了，但它却不知道它已经带走了兰花的花粉块。由于昆虫的记忆力较差，在下次遇到另一只“雌蜂”后，依然会再次上当，就在上下晃动的过程中，把这个花粉块抹到这朵花合蕊柱的柱头上，从而完成了授粉。

最终，这些狡猾的“鸭子”就靠着巧妙的方法，欺骗昆虫的感情而完成传粉，为自己的种群延续跨越了最关键的一步。

鹤望兰

Strelitzia reginae

绘图　葛若雯

15 翘首企盼的“仙鹤”

——鹤望兰

说起天堂鸟，大家定会想起动物界中有一些极其漂亮的鸟儿。其实在植物界中，有一种植物也叫天堂鸟，又叫极乐鸟花，但它的正式名字是鹤望兰，是原产于南非的一种珍奇的花卉。早在几百年前，欧洲人进行地理大冒险的时候，发现了这种美丽的植物，于是将它带到了世界各地。现在世界各大植物园、热带公园、苗圃、花店等地常常可见它的身影。其是世界名花之一。

鹤望兰早期被科学家归属到于芭蕉科家族之中，后来它连同马达加斯加的旅人蕉和南美的渔人蕉一同独立成了自己的家族——鹤望兰科。

鹤望兰的叶片非常普通，真正奇特的是它的花序。它的整个花序是一个蝎尾状聚伞花序，外面被一个舟形的大佛焰苞所包被。每朵花都有3枚橙黄色的萼片，2枚朝外，1枚朝内。最先开放的几朵花的多数萼片都朝向外侧，于是它们与那个舟形的佛焰苞一起组成了像鸟头的形状。佛焰苞像鸟的喙部，而那些萼片就成了鸟头顶的冠，整个花序看上去就像一只在翘首企盼的仙鹤，因此就有了“鹤望兰”这一典雅的名字。在萼片之内有3枚花瓣，朝外的1枚非常短小，朝内的2枚很长，呈蓝紫色，相互靠合在一起成为箭头状，这在园艺上称为“花舌”。在花舌内部则包藏着雄蕊和雌蕊。这样巧妙的结构也同样有传粉者与其适应，在享受它的花蜜的同时为它传粉。

鹤望兰除了用作庭院栽培观赏，还可以用作高级的花材。由于鹤望兰的花期很长，一个花序可以连续开放1个月之久，甚至被剪下来、脱离母体之后，仍然能够维持较长时间的鲜艳而不萎蔫，因此，现在鹤望兰也成了园艺上用作鲜切花或插花的重要材料。

火烧花

Mayodendron igneum

绘图　葛若雯

16 花朵橙红似火
——火烧花

在中国南部的云南、广西、广东、台湾等地，生活着一种花色艳丽而可爱的植物，名叫火烧花。它有着非常奇异的花朵、美丽的传粉者和特殊的果实。

火烧花是紫葳科家族中的一种高大的乔木，喜欢生长在干热的沟谷、低山林缘或者稀疏的树林中。与中国北方常见的栽培植物楸树、梓树是亲戚，虽然生活在热带地区，但它在冬季却是落叶的。

在早春时节的4月左右，火烧花在没有生长叶片之前，就开出了满树橙红色的花朵，每一根枝条上都布满了一团团的红色火焰，整棵树远看似火烧一样，非常艳丽可爱，这也是取名火烧花的原因。它的花冠长筒形，里面着生有4枚雄蕊和1枚雌蕊。橙红色对鸟儿们很有吸引力，所以，火烧花吸引着当地的太阳鸟来进行传粉。

太阳鸟是一类比较奇异而漂亮的鸟类，亚洲的太阳鸟和美洲的蜂鸟类似，体形纤细，体长几厘米至十几厘米；喙细长而下弯，喙缘先端具细小的锯齿；舌呈管状，尖端分叉。这些构造表明太阳鸟是专靠吃花蜜生活的。它们的体形很小，有小巧的身姿和细长的喙，可以将整个头部钻到火烧花的花冠里去，在吸食花蜜的同时，花粉就涂抹在它的颈部和背部。当它再访问另一朵花时，就可以将花粉带到那朵花的柱头上，从而完成传粉过程。云南的各族人民都有把各种野生植物当作食材的传统，火烧花的花在云南也被当地居民当作蔬菜食用，是一种美味的食品呢。

花开过后，火烧花才在枝条上生长出叶片。它的叶片是大型的奇数二回羽状复叶，长度可以达到60厘米。大大的叶片可以制造很多养料，供植物生长使用，几片叶子就可以供养一整条枝的果实发育。火烧花的果实外形也特别有趣味，形状是长条形，末端向下垂，就像一条条长长的豆角挂在枝上。这与紫葳科许多植物的果实（如菜豆树属）一样，悬挂在枝条上。不过，这一条条的“豆角”里面可没有豆子，它里面是许多薄片状的种子，在种子两端各有一片薄膜质的翅，而且呈一定角度叉开。这种精巧的结构就像直升机的螺旋桨，当它从空中落下时，就会以种子中心为轴线旋转而下。所以，在果实成熟开裂后，种子便会乘着这一双“翅膀”缓缓飘荡，靠着空中的微风飘向远方，在合适的地方落地生根，繁衍下一代。

剪秋罗

Silene fulgens

绘图　葛若雯

17 花瓣质地似丝罗
——剪秋罗

在石竹科植物的这个大家族之中，有许多花色艳丽、观赏价值较高的植物，如石竹属的石竹和瞿麦，蝇子草属的高雪轮和矮雪轮，都深受大众的推崇和喜爱，经常被用来作为观赏花卉和鲜切花材。在科内诸多漂亮的花卉之中，造型和颜色最为精致的应当是剪秋罗属的植物。

剪秋罗属植物约有12个种，分布于亚热带北温带地区，该属植物的多数种类都会盛开硕大而美丽的花，所以也常被栽培作观赏花卉。除了大多数的名称都会带有“剪秋罗”三个字，还有名叫剪春罗、剪红纱花的。剪秋罗属为什么会有这么多富于诗意又别致的名字呢？这就要先从这些名字里的“罗”字说起了。“春罗”“秋罗”都是古代的丝织品名称，质薄而轻，有条纹，比较名贵。唐诗有云：“秋罗拂水碎光动，露重花多香不销”“春罗书字邀王母，共宴红楼最深处”。可见，至少从唐朝开始，就已经有这类丝织品的名称了。

剪秋罗属植物的叶子是对生，叶片一般是椭圆形，与普通石竹科植物的叶子没什么区别。在它开花之前，也许你会把它当作杂草对待，但一到开花时，便会显出它的与众不同。剪秋罗的花有5个花瓣，花瓣艳丽精致，在花瓣的先端常有2个至多个不规则的牙齿状裂片，看起来就像用剪刀把春罗、秋罗随意剪了几个口子而形成美妙的断面一样。因此，本属的成员才有了“剪秋罗”“剪春罗”这样美丽的名字。

也许你会问，在哪里才能看到这些美丽的植物呢？中国东部地区就有野生的种类。在初夏时节，当你漫步在丛林之中，也许在不经意间，就会看到林下的某个角落里生长着剪秋罗，在那里默默地开放，它那与它的名字一样美丽的花朵时刻都在散发着高贵的气质。

蓝刺头

Echinops davuricus

绘图　葛若雯

18 带刺的蓝色绣球
——蓝刺头

在中国北方地区的荒漠、草原和沿海一带的山坡林下、高山草甸上，生长有一类开有蓝色花、浑身都是刺的植物，名叫蓝刺头。其属名与动物界里的刺猬一样。其实，在拉丁语里，“*echinops*”就是刺猬的意思，蓝刺头的属名之所以用这个词根，恰恰是因为它有个满布尖刺的花序，它用名字和实际的外貌来告诉大家：“别惹我，小心扎你！”

蓝刺头是菊科大家族中的一个属，成员有120多个种，主要分布在欧洲、中亚至东亚地区的干旱地带。中国有10余个种，主产于西北至华北地区，其中以新疆的种类最为丰富。

蓝刺头从长叶子开始，就开始长刺。它的叶子有多种形状，羽状裂或不裂，边缘的每个锯齿都向前延伸，呈刺芒状，如果用手轻触叶缘的话，不会有明显的刺感，但是如果用力握下去，就会被扎到。靠着这些刺的保护，蓝刺头可以不用怕叶子被牛羊吃掉，保证自己的茁壮成长。

在开花时节，蓝刺头会在茎的各个分枝顶端生出球形的花序，其实就是一个生满刺的球。它看上去像一个头状花序，但其实是更加特化的类型。首先，它符合菊科植物的特点，拥有头状花序，但它的头状花序很特殊，个体较小，里面只有1朵小花。无数个这样的小头状花序又排成头状，组成了二级头状花序。这种类型的花序称为“复头状花序”，也就是我们能看到的这个“刺球”。它的总苞片先端延伸成尖刺，触手坚硬，但不会像触碰它的叶子那样有刺痛感，里面的小花就从尖刺丛中伸出来，这也同样避免了牛羊来糟蹋它的花朵。它的花色通常为深蓝色，当开花成片时，远望就像一个个蓝色的刺球点缀在草丛中，或者撒在荒漠上，颇为壮观，所以才有了“蓝刺头”这个名号。

不过，昆虫却不怕这个“刺头”，它们小心翼翼地站在花序上面，用长长的喙吸取花朵深层的花蜜，同时也帮助蓝刺头完成传粉。在结果期，它的果实上面有羽状的冠毛，可以被风带走，当然，有些没有脱离花序的果实，也可以靠着总苞片上的尖刺附着在动物身上，由动物传播到远方。

现在，蓝刺头属的一些种类也已被人们引种栽培，供大家观赏。不过，在观赏时可要注意安全哦，小心它的刺叶和刺儿头扎到你哦。

窄叶蓝盆花

Scabiosa comosa

绘图 葛若雯

19 花序似装满花的脸盆
——窄叶蓝盆花

在中国华北地区的亚高山或高原上，生长着一种类似菊花但又不是菊花的植物。它有着细长的花梗和蓝紫色的头状花序，朝向太阳开放着，随着微风在空中摇曳。这种美丽的植物叫“窄叶蓝盆花”。

窄叶蓝盆花属于忍冬科家族的成员，生活在中国北方亚高山草甸或高原地带的草原之上。它的叶子是羽状全裂。在没开花之前，叶片看上去比较平凡，形状也没有非常特殊的地方。待到花开的时候，其特点就非常突出，就像一个装满花的脸盆，一片片蓝紫色的花丛点缀在草甸上，形成一道美丽的蓝紫色风景。

窄叶蓝盆花的花序像极了菊科的头状花序，但实际上，它不是菊科的成员。如果仔细观察它的花序，会发现与菊科植物的花序区别较大。首先，在它的花序基部有一轮总苞片，但没有菊科植物总苞片的数量多。然后，再看每一朵花都是二唇形，下唇的裂片更宽大。这与菊科的管状花和舌状花不一样。菊科的管状花通常都是接近辐射对称的。但它有一点却与菊科相似：在整个头状花序中，外围的花更大一些，花冠更显著，主要功能是更好地招引昆虫；靠近中心的花则比较小，花冠也更短小，主要功能是提供花蜜。这样，外围的花就类似菊科的舌状花，中心的花则类似菊科的管状花。不管是蓝盆花还是菊科的花，都在漫长的进化过程中各自发展了一套有利于繁殖后代的传粉机制。

窄叶蓝盆花的果实与菊科相似，都是瘦果，但它的果实顶端有萼片变成的刺，会附着在动物身上，将种子传播到远方。

与蓝盆花近缘的种类还有开黄色花的黄盆花、开粉紫色花的紫盆花等，都是漂亮的观赏花卉。无论是野生还是栽培的种类，它们都有一簇簇艳丽的花朵从叶丛中伸出，朝向天空开放，像一张张小孩子的笑脸对着你微笑，非常可爱。

铃兰

Convallaria keiskei

绘图　葛若雯

20 五月的小铃铛
——铃兰

在北半球的温带地区，生长着一种广泛分布在林下的草本植物。它植株的样子比较简约，外观素雅，白色的花朵像小铃铛一样低垂生长着，被称为五月林下点缀生长的小精灵，这种可爱的植物叫铃兰。

铃兰属于百合科大家族的成员，它与野外常见的黄精、玉竹、鹿药这些林下草本植物是亲戚。在铃兰属中，只有铃兰这一个成员。它的分布区虽大，但并不连续，零零星星地分布在亚洲、欧洲和北美洲的许多地区，在中国的华北和东北地区也比较常见。铃兰喜欢生于中高海拔山区的阔叶林下，而且常成片生长。

铃兰是多年生的草本植物，在地下有横向生长的匍匐茎。每隔一段距离，匍匐茎就可以向地面上生长出直立的茎。这段茎并不高，在其顶端着生2枚对生的椭圆形叶子——正显示了它的简约——不多不少，恰好2枚。在整个生长季，铃兰就始终靠这2枚叶子进行光合作用、制造养料生活着。

5月是铃兰开花的时间，它的德文名“Maiglöckchen”意思是“五月的小铃铛”。它对花期把握很准，不早不晚，恰好是在5月。铃兰的花莛不是从叶丛中生出的，而是从直立茎和匍匐茎的交界处伸出，斜向上伸展，然后再向下略弯，上面着生有数朵低垂的白色小花，整个花序就像一串银色的小铃铛，像是在微风中“嗡嗡”作响。这也是“铃兰”名字的由来。花期过后，铃兰开始结果，果实成熟时是球形的红色浆果，也似一串铃铛挂在果序上，非常可爱。

铃兰喜欢凉爽的气候，在炎热或特别寒冷的环境下都不能生长。在几百万年前，地球上经历过寒冷的冰期。那时候北温带地区普遍变得非常寒冷。于是，铃兰就举家南下，逐渐向南迁移，到冷凉的部分低纬度地区（相当于现在的亚热带地区）生长。等到最后一次冰期结束，北温带地区的温度逐渐回升，低纬度地区慢慢变热，于是，铃兰又向北迁移，回到原来的高纬度地区，但那时并非全部高纬度的寒温带和暖温带地区都适合它生长，它只能选择部分地点继续生活，所以铃兰现在只是零星地分布在北温带的部分地区。如果你在5月到北方的森林中旅行，也许能发现这5月的小精灵呢。

柳穿鱼

Linaria vulgaris subsp. *chinensis*

绘图 葛若雯

21 花如翘着尾巴的金鱼
——柳穿鱼

在欧亚大陆的温带地区，尤其是草原一带，生活着一种开着可爱花朵的草本植物。它的花看上去形状像翘着尾巴的金鱼，所以名叫柳穿鱼。

柳穿鱼属于车前科大家族的成员，它的兄弟姐妹数量有100多种，而最常见的野生种就是柳穿鱼。它从欧洲经西伯利亚，一直分布到中国的西北、东北、华北地区，喜欢生在山坡路旁、沙质草原或田边草地。

柳穿鱼的叶子是互生的，在茎上呈螺旋状排列。叶片很狭长，形似柳叶。到了夏季，在茎顶端就会产生长长的总状花序。每一朵花也呈螺旋状排列。花冠黄色，前端是唇形的，有5个裂片（上唇2个，下唇3个）。整体上看，花冠似一只翘着美丽尾巴的金鱼，所以，“柳穿鱼”的名字就是这样来的。在花冠下唇的裂片向内的方向上有一个向上的突起，颜色更深，是橙黄色的。这个突起有2个作用：一是提示来访的昆虫这里有花蜜可以吃；二是给昆虫提供一个可以踩踏的平台，让它们在采蜜的时候站得更稳。在花冠基部的位置向后延伸出一条长长的细管状结构，这叫作“距”。在距的最末端藏着大量的花蜜，因此，也只有喙特别长的昆虫——蛾类或蝶类，才能把喙伸到长长的距里面去采食花蜜。

柳穿鱼之所以能让昆虫顺利地采食花蜜，是因为其可以借助花冠里的机关进行传粉。它将4枚雄蕊和1枚雌蕊藏在花冠里面，紧贴花冠筒内侧上部的位置。同一朵花的雄蕊和雌蕊是异熟的，也就是说不在同一时间成熟。当昆虫踩着那个平台钻到花冠里时，它的头部会尽量往里钻，以得到距末端的花蜜，而此时雄蕊正好成熟，花药里的花粉就能涂抹到昆虫的背部。当它再访问另一朵花时，如果这朵花的雌蕊恰好成熟，就可以把花粉抹到雌蕊的柱头上。靠着精妙的构造，柳穿鱼就巧妙而出色地完成了传粉。

由于柳穿鱼的花奇异精巧、惹人喜爱，园艺学家早已经将它引进庭园中了。现在有许多园艺品种，花色也不仅限于黄色，有紫色、粉色、蓝色等多种颜色，即便是在公园中，大家也有机会欣赏到这一可爱的植物。

石蒜

Lycoris radiata

绘图 葛若雯

22 花叶永不相见
——石蒜

提到“蒜”，大家会想到大蒜，那么石蒜是不是大蒜的一种呢？确实，石蒜与蒜都是石蒜科大家族中的成员，但属于不同的属。大蒜归属于葱属，石蒜归属于石蒜属。石蒜属内有20多种不同的石蒜，都是多年生草本植物，主要产于中国、朝鲜半岛和日本。生活在大陆山区或海岛的阔叶林下，它们在地下都有一个球形的鳞茎，里面贮存养料，在非生长期的时候进行休眠。

石蒜的生活状态很特殊，一般情况下，它开花的时候没有叶子，长叶子的时候没有花。本属成员的花期全部集中在秋季，而叶期则有的在春季，有的在秋季。春季出叶的种类，到夏季叶子就会枯死，地下鳞茎进入夏眠状态，到秋季再进行开花结果；而秋季出叶的种类，是在秋季开过花后，结果的时候长出叶子，正好制造养料供应果实发育，其余的季节则没有叶子，全靠地下的鳞茎进行休眠。

石蒜的可爱之处在于，开花时，花莛生长的速度和花朵颜色的多样性。在秋季石蒜开花的时节，它的花莛长得很快，没有几天时间，就从地下钻出来，长到几十厘米的高度，打开它的花苞。对很多人来说，它就好像是突然从地下冒出来的花，所以它还有一个别名，叫作“平地一声雷”，这名字听起来很有气势！石蒜的花都是伞形花序，在花序基部有2个膜质总苞片。每朵花都有合生的6枚花被片，有6枚雄蕊，在同一平面上向四周展开。而花色则是多种多样的，有白色、乳白色、奶黄色、金黄色、粉红色、粉紫色，甚至鲜红色。如果将不同种类的石蒜都种植在一起，到了秋天，你就有机会看到五颜六色、繁花似锦的壮观景象。

为什么石蒜非要选择花叶不同期的生活状态呢？这与它的生活环境有关：石蒜类植物主要生活在林下，由于森林的阻挡，它们并不能得到足够的阳光来进行光合作用，所以，它们就选择在春天森林还没有长叶子的时候或者在秋天森林落叶之后开始生长，生出自己的叶子，利用短暂时间迅速地进行光合作用，制造养料。而在森林最为郁闭的夏天和气温相对寒冷的冬天，它们的叶子就会枯死，地下的鳞茎进行休眠，以此度过这段无用的时光，养精蓄锐，蓄势待发。待到来年的春季或秋季，开始新的生命轮回。

四照花

Cornus kousa subsp. *chinensis*

绘图 葛若雯

23 花朵宛若白色飞翔的小鸟
——四照花

在中国南方的深山里面，生长着一类美丽的观赏树木，在开花盛期的时候，像一只只白色飞翔的小鸟，既漂亮又可爱，它的名字叫作四照花。

四照花是山茱萸科家族的一个属，有10余个成员。山茱萸科有不少成员跟我们生活的关系都很密切，如供药用的山茱萸、作建筑用材的毛梾和梾木、花序大如灯台的灯台树、杆红果白的红瑞木，而其中最具观赏价值的则是四照花。

四照花属在中国约有10个种，自秦岭到长江流域以及西南山地均有分布。它通常是小乔木，有的种类常绿，有的种类则在冬季落叶，树形美观，像伞的形状。它的叶片对生，椭圆形，有几条弧形脉；叶片光亮，有些种类的叶片入秋就变为红色，且留存在树上达1个月有余，具有很高的观赏价值。

四照花的花期一般在5月前后，在各个枝端都长出头状花序。它的花很小，花冠白色或者白绿色，有4个较小的裂片，再往里则是4枚雄蕊和1枚雌蕊，整朵花看起来跟梾木属的花比较相似，也是顶生伞房状聚伞花序，由无数的小花密集成球形，其实这并不显眼，最为显著的是在花序底下衬托着的4个白色美丽的“大型花瓣”，其实那并不是花瓣，而是苞片的变异。这4枚苞片排成十字形，远看就像无数个展着白色翅膀飞翔的小鸟，也正是这4枚光彩四照的苞片，才将这种植物取名四照花。这些苞片最重要的作用是招引昆虫，吸引它们前来采蜜，顺带给那些真正的花进行传粉。

四照花的果实也很有特色，是由于它花期密集形成球形，到果实时期也是同样，所有的果实都紧密结合在一起；整个果序呈球形，幼果时绿色，到成熟时转变为红色，如果品尝一下，会发现果肉甜甜的，味道还不错呢！在自然界中，这些美味的果实并不是供给人类来品尝，而是吸引鸟类等动物来吃。鸟类会吞食掉整个果序的果实，其中的果皮会在鸟类的肚子里消化，而种子就会随着鸟类的粪便排出体外，落到离母树很远的地方安家落户。

由此看来，四照花可是全能型的植物，它的花和果都很特殊，都有独特的本领来吸引动物给它传粉和传播果实。现在它已被世界各地温带地区的植物园引种栽培，供人们观赏，春赏亮叶，夏看玉花，秋观红果，成为一类极其优良的园林观赏树种。

无忧花

Saraca declinata

绘图 葛若雯

24 佛教圣树
——无忧花

无忧无虑的生活，是所有人向往的。然而在植物里界面，有一种可爱的植物，相传因佛祖在其树下出生，具有无忧无虑的寓意，所以取名无忧花，又叫无忧树。

无忧树是豆科大家族中的一个属，叫无忧花属，有20多个种，分布于亚洲热带地区。在中国的云南和广西有2种，其中最为常见的则是中国无忧花。它喜欢生长在热带低海拔山区的山坡疏林中或沟谷水边，它的叶子是大型的羽状复叶，长度可以达到半米，有5或6对小叶，小叶的长度也可以达到20厘米。有意思的是，无忧花的幼叶是下垂的，而且颜色比较淡，远看像在树上挂着一串串果实。等到幼叶发育完全、变为成熟叶的时候，叶轴才变得坚挺，支撑起整个大型的复叶。

每年的4月是无忧花盛开的时节，在枝条的叶腋处生长出大型的圆锥状花序，远远望去，树上就像顶着一团团红色的火焰，景象极为壮观。无忧花的花没有花瓣，花萼和雄蕊都是艳丽的红色，初开时是橙黄色，随着生长会渐渐变为橙红色，吸引大量昆虫来传粉和采蜜，甚至蚂蚁也会加入采蜜大军。

由于无忧花树形美观，嫩叶低垂优雅，花大而美丽，已经被很多植物园引种栽培。在中国云南、广西、广东的许多植物园里都可以看到它的身影。不过，无忧花的一切并非真是“无忧”。如果见到无忧花，千万不要随便去触碰它，因为有很多蚂蚁在树上生活，尤其到了花期的时候，花序上会有大量的蚂蚁来采食花蜜，如果不小心碰到花的部位，蚂蚁们便会群起而攻。所以，要想“无忧地”观赏“无忧花”，只可远观而不可亵玩焉。

此外，在印度本地有一个种——印度无忧花，在它身上还流传着一个美丽的传说，它是佛教的圣树。相传佛祖释迦牟尼就是在无忧树下诞生的，所以这种无忧花树又被称为“佛诞花”，与释迦牟尼悟道成佛的菩提树齐名。在云南西双版纳地区，傣族人民信仰小乘佛教，所以寺庙周围也普遍种植无忧花。据说只要坐在无忧花树下，任何人都会忘记所有的烦恼，无忧无愁。

宝莲灯

Medinilla magnifica

绘图 葛若雯

25 花序似下垂倒挂的粉灯笼
——宝莲灯

说起宝莲灯，上海美术电影制片厂曾经拍摄制作过一部很好看的动画片，名叫《宝莲灯》。在影片中的宝莲灯是一件天界的神器，对于主人公沉香的获胜起了关键的作用。有一种观赏植物，其花序粉红色，下垂生长，像挂着的灯笼，所以取名宝莲灯。

其实，宝莲灯的本名叫“粉苞酸脚杆”，是野牡丹科大家族中的一员。野牡丹科主要分布于热带地区，它的大部分成员是灌木或者小乔木，但也有少部分成员是攀缘的藤本或者附生的灌木。而宝莲灯就是附生类型的灌木，原产地在菲律宾群岛的热带雨林中。它生长在大树上，根部附着在树干上，靠吸收薄薄一层的腐殖质土壤的养料生活，而主茎则向上伸展，生长出大型的叶子。

宝莲灯在开花时会从茎顶端生长出大型下垂的花序。花序的基部有多个宽大的粉红色苞片，花序的分支从苞片的腋内生长而出，分枝的末端会开放出真正的花朵。整个花序连同苞片、花、花序轴全都是艳丽的粉红色，尤其是大型的苞片，更为显眼，这也是它的名字“粉苞酸脚杆”的由来。从整体上看，它的花序就像是一个大型的花样吊灯，所以才有了“宝莲灯”这一名称，再看那些宽大的苞片，还真有点像莲花的花瓣呢。

宝莲灯所在的酸脚杆属植物与同科内其他属植物最大的不同点是果实的类型。宝莲灯的果实是浆果，而其他属是蒴果。由于酸脚杆属的成员主要在雨林中树冠顶层的位置生活，位置较高，在这种情况下，宝莲灯当然也希望自己的后代同样生活在这样的高度。于是，它们就生长出了颜色鲜艳、味道又好的浆果，吸引鸟儿们来吃。果实中的种子在鸟儿们的肚子里不能被消化，会被鸟儿们随粪便排出体外；由于鸟儿们常在森林中飞行，这些种子掉落在树干上的机会非常大。在遇到合适的条件时，新一代的种子便会在树干上萌发，以此来延续它们种族的树栖生活。

黄袋鼠爪

Anigozanthos flavidus

绘图 葛若雯

26 花冠形似袋鼠爪子
——黄袋鼠爪

在广袤而神奇的澳大利亚的大地上，有活泼可爱、蹦蹦跳跳的袋鼠，有意思的是，也有与之相配的一种小草，由于它的花冠外形极像袋鼠的爪子，因此得名“黄袋鼠爪”。它是这片土地上诸多神奇植物中的一种。

黄袋鼠爪属于血皮草科家族的成员，也是特产于澳大利亚的一个属，有10多个成员。它们喜欢生长在干燥的沙质土地上，是多年生草本植物，通常没有地上茎，只有地上的叶片。这些叶片密集地丛生在一起，形状像剑，因种类不同而长短不一。只有在开花时节，它才会长出高高的花莛，顶端着生一个大型的花序。它的花冠有6个裂片，平行地排成一列，6个裂片全部靠上，边缘向外反卷，里面是6枚雄蕊和1枚雌蕊。在花冠的最基部，则藏有大量的花蜜，这是特意为了各种鸟儿们而准备的美味。

在澳大利亚本土，许多体形较小并且具有较长喙的鸟类都会来访问黄袋鼠爪的花，它们将头部弯而细长的喙伸进花冠的基部吸食花蜜，那时上面并排的6枚雄蕊便会将花粉抹到鸟儿的头部。当它再访问另一朵雌蕊成熟的花时，就会把花粉带到那朵花的雌蕊柱头上。黄袋鼠爪正是靠着这奇特的构造借助鸟类完成它的传粉过程。

由于澳大利亚独特的气候特征，黄袋鼠爪也演化出了相应的形态特征与之适应。我们知道，澳大利亚的某些地方，如中部和东南部干旱的地带，某些月份气候非常炎热干燥，地面上很容易发生火灾。大火会把地面上所有的绿叶、鲜花都烧掉。千百万年来，为了适应这个气候特征，这里的植物形成了一些自我防护机制，如有的木本植物茎干外皮层非常粗壮，可以防火，等火灾过去之后可以马上萌发新叶，而有的草本植物则靠深埋在地下的球茎或根状茎躲过火灾。黄袋鼠爪就是依靠根状茎来躲避火灾的，它在地下横走的根状茎除了用来避火，还有利于无性繁殖，使黄袋鼠爪能够在短期内进行营养繁殖，扩大自己的领地。一般，大火烧过之后的一场细雨，就能促使黄袋鼠爪争先恐后地从地下钻出来，迅速生长出叶片、开花。所以，往往在大火烧过的地带，能看到成片黄袋鼠爪竞相开放的壮观场面，这真是浴火而重生的场面啊！

地涌金莲

Musella lasiocarpa

绘图 葛若雯

27 贴地面盛开的金色莲花
——地涌金莲

说到香蕉，大家都知道，它是产自热带的一种水果，其与芭蕉是近亲，不仅会生长出垂向地面的美丽花朵，还会结出大串的美味香蕉。香蕉的植株虽然生长得比较高大，人们也经常习惯地称其为“香蕉树”，但它并非是木本植物，而是一类树状的高大草本植物，只是体形比较大。但在同一个芭蕉科家族中，也有一种体形比较矮的成员，由于其花开之后，形似盛开的莲花，所以取名为“地涌金莲”。

地涌金莲是地涌金莲属的唯一成员，产于中国西南地区的云南和重庆，通常生长在山间坡地，或在村旁、田地中栽培。

说起个头，地涌金莲算是芭蕉科里最矮的成员了，只有半米多高，叶子也比芭蕉叶短得多，长约50厘米，宽约20厘米，不像其他的芭蕉那样有1米多的巨大叶子。不过相比芭蕉科的其他成员，它的花却是蛮漂亮的。这也是它的可爱之处。地涌金莲的花序生在叶丛的中间，非常密集，球穗状，上面螺旋状排列着金黄色的大型苞片，在每个苞片之中都包裹着一排花朵。由于整个花序自下而上开放，下面的苞片先展开，露出里面的花朵，上面的苞片则仍然聚合在一起，所以，整个花序看起来就像是一朵半开的金色莲花。这也是其名字的由来。

地涌金莲的花朵比较小，不是那么显眼，所以它完全依靠金黄色的苞片来吸引昆虫传粉。结出的果实是短三棱形的，看起来也像一个超小型的芭蕉，不过它不能吃，里面并没有像芭蕉、香蕉那样软绵绵的果肉，而是含有几个大而硬质的种子。

由于地涌金莲有很好的观赏价值，现在已被许多公园和植物园引种栽培，还被佛教寺院定为“五树六花”之一，在傣族的文学作品中是善良的化身和惩恶的象征。而在原产地，它的主要用途则是作猪饲料。

翡翠珠

Senecio rowleyanus

绘图 葛若雯

28 宛若串串状的“绿珍珠”
——翡翠珠

在公园的温室中或者花卉市场内，大家是否看到过一种小巧精致的盆栽植物，在下垂生长的枝条上，挂满了一个个饱满翠绿的小珠子，形似一串串风铃在风中摇曳，非常可爱，它的名字叫翡翠珠，在俗语中大家还赋予一个比较人性化的名字——情人泪、佛珠吊兰、绿之铃等。

翡翠珠属于菊科大家族千里光属的成员，但在形态方面，与中国原产的千里光属植物的差别很大。千里光属在全世界有上千个成员，它们中的大多数都是多年生的草本植物，但也有少量是灌木，甚至乔木，还有一部分是肉质藤本，翡翠珠就是肉质藤本中的一员。它原本是在非洲南部的干旱地区生活。那里是干湿季交替的荒漠气候，一年之中有半年多是旱季，只有几个月是雨季。千百万年来，翡翠珠就在这种荒漠地带顽强地生存着。

翡翠珠是草质藤本植物，它的茎柔软细长，攀附在树上、岩石上或者在地面上蔓生，自我缠绕，形成一团垫状物。茎上规则地生长着一枚枚肥胖的叶子。它的叶子并不是扁平的，而是呈饱满的球形，里面有多汁的叶肉组织。它贮存了大量的水分和营养物质，可以耐受原产地酷热的气候，也有利于度过漫长的干旱季节。而当它被引种到其他地区在温室中生长时，仍然保持了这种特性，一粒粒圆润、肥厚的球形叶片也成了它最具观赏价值的部位。

到了开花时节，翡翠珠会抽出长长的花莛，顶端着生一个头状花序。这个时候才会显示出菊科植物的特征。它的头状花序从侧面看是长筒形的，长长的总苞片排成一列。这跟国产的千里光属植物是一样的，但它花序里面的小花不是黄色，而是灰白色的，不过总体上，它的外形还是跟常见的千里光相似。在花开后会结出大量的瘦果，顶端有一组伞状的冠毛，果实像蒲公英一样靠着冠毛随风飘散到新的地方安家。待到雨季来临时，它们抓紧时间生根发芽，长成新的植株。

如果大家想种植翡翠珠，也非常容易：从花卉市场购买，或者从朋友那里掐一小节回来，插在土里，过几天新的植株就成活了。但是要注意它的叶子有一定的毒性，只能用于观赏，不能食用哦！

感应草

Biophytum sensitivum

绘图　葛若雯

29 含羞草的亲戚
——感应草

提起含羞草，大家都很熟悉，触碰它的叶片时会很快闭合，再次触碰整个叶片就会下垂，看似非常“害羞”的样子。其实这是一种防护机制，避免动物吃它的叶子。除了含羞草，还有一种“害羞”的植物，叫感应草，它的神经系统像动物一样，在遇到危险时，会迅速做出反应来保护自己。

感应草属于酢浆草科家族的成员，生活在热带地区，在中国云南、广东、广西、台湾等地有分布，喜欢生长在村旁、路边或山坡草丛中。

感应草的叶子是奇数羽状复叶，聚生在茎的顶端，每个复叶的小叶有10多对。白天小叶平展张开，到了夜晚，相对的小叶就会闭合到一起，整个复叶的叶轴也会下垂。看起来，整个植株就像是在睡觉。到了翌日清晨，小叶又张开，再次重现白天的伸展状态。感应草的叶轴上密生有许多腺毛和刺毛，上面有感应器，可以感受外界的触动。如果用手稍微碰触它的叶子，必定会碰到那些刺毛。感应器接受触动后，小叶和叶轴便会立即合并下垂，变成夜晚的状态。同样地，当一些草食性虫子，如蚂蚱爬到它的叶子上准备大餐一顿时，叶子会立即下垂，变成枯萎状。蚂蚱一看叶片不新鲜，于是便会失望地离开。感应草就依靠这种害羞的本领，保持自己的叶子完整，从而能够茁壮成长。

当感应草开花时，与酢浆草非常相似。它在茎顶端生出伞形的花序，上面有好几朵花。每朵小花有5个黄色的花瓣，这些小花与酢浆草相同。但与叶片不同，感应草的花则不会受到触动下垂，因为它要借助很多小昆虫进行传粉。感应草的果实是蒴果，也与酢浆草的相似，形状就像超小型的阳桃。果实成熟后开裂，露出褐色的种子。随着果皮逐渐变干，种子会自由掉落或者被弹出去。小生命在距离母株的不远处萌发后，也同样靠着能“感应”的叶子保护自己，慢慢成长为新的植株。

猴面柯

Lithocarpus balansae

绘图　葛若雯

30 果实像猴子脸
——猴面柯

在中国西南部的热带丛林里，生活着一种高大乔木。在结果之后，其果实的样子和形态像美猴王的脸一样，非常好看，也非常可爱，所以取名猴面柯。

猴面柯是壳斗科大家族柯属的成员，它们的成员多数是高大乔木，同时也是温带和热带阔叶森林的主要组成成分，而柯属则是其中的一个分支，它主要分布在中国长江流域及以南的广大山地森林地带，经常被人们用作薪炭、建筑或工具用材。早在《诗经》中就有一段记载："伐柯伐柯，其则不远。"这句话的意思是伐一根木头来做斧头柄，这里指的就是柯属植物。它们每年春天开出大量的柔荑花序，秋天则结出一串串果实。每个果实都被一些特化的苞片包着，有半包的，也有全包的。这些特化苞片组成的结构就叫作"壳斗"，壳斗科的名字也是这样得来的。果实在生长发育过程中受到壳斗的严密保护，可减轻病虫害的威胁。

猴面柯的壳斗全部包被着果实，它的形态特殊：一轮轮的苞片排列紧密，形成美丽的不规则圆环，看上去就如同美猴王的脸谱，因此才得名"猴面柯"。

一般情况下，柯属植物的壳斗比较薄，在落地之后会慢慢腐烂，而里面的果实则会萌发，长成新的植株。而猴面柯则不同，它的猴脸状壳斗特别厚，也非常结实，落地后经过长时间都不会腐烂，这样甚至会阻碍种子本身的萌发。那怎么办呢？其实，它是在等待一种动物——豪猪的帮忙。秋天到来时，猴面柯的果序整个掉在地上，豪猪发现后，就会把它们成批地拖进自己的洞里，用作过冬的储粮。豪猪是啮齿类动物。它的牙齿非常锋利，可以咬穿猴面柯厚厚的壳斗，吃到里面富含淀粉的果实，但同时这种动物也是非常健忘的，它都不会记得自己到底储存了多少果实，有一小批果实就成了漏网之鱼。就这样，在合适的时间，猴面柯的种子会在洞穴中发芽——顺利地从豪猪咬开的壳斗中钻出来，生长成为新的植株。

猴面柯在果实发育时期，用坚固的壳斗很好地保护了里面的果实和种子。在果实成熟之后，它又巧妙地利用了豪猪的牙齿，以牺牲一部分果实为代价，使自己的多数后代能够顺利地成长。这正是生物演化的神奇之处！

箭根薯

Tacca chantrieri

绘图 葛若雯

31 苞片像老虎须
——箭根薯

在中国广西的热带丛林中，生活着一类相貌奇特而可爱的植物。它们不但有世界上罕见的黑色的花，还有数条长须状的苞片，像是老虎的胡须，所以民间称之为“老虎须”。它的中文名叫箭根薯，可以算是植物界的一个奇葩。它以花朵奇特罕见的颜色和形状来彰显自己的个性。

箭根薯属于薯蓣科家族的成员，其下有10多个种，分布在中国至东南亚的热带地区。它们喜欢生在沟谷林下腐殖质丰富的土壤中。中国有箭根薯、蒟蒻薯、丝须蒟蒻薯等种类。

箭根薯是多年生草本植物，在地下有球形的块茎。它的叶子很大，通常是椭圆形，有点像天南星科某些植物的叶子。在营养期看上去没有什么特别之处，但等开花之后，便会显出它的惊艳之处。它的花莛比较高大，在顶端着生着伞形花序。花序最外围是几枚总苞片，其中两枚最大而且对生，呈扇状开展，就如同打开的贝壳。这个“贝壳”再向里是长线形的小苞片，集成两束，一边一束垂下来，因此才得名“老虎须”，其实就连老虎的胡须也没有这么长。

在自然界中，植物花的色彩十分丰富，有红色、橙色、黄色、绿色、蓝色、粉色、紫色，可谓应有尽有，但黑色花的植物却非常稀少，箭根薯便是极为少见的一种。它的花被是黑色或紫黑色的，有6枚裂片，里面有6枚雄蕊和1枚雌蕊。这么不显眼的花，怎么获得传粉者的青睐呢？不用担心，外围那些奇形怪状的苞片，都是用来招引昆虫的，都是为了最里面那些真正的花。在昆虫眼中，扇形的总苞片和长须状的小苞片组成的图案，正是指引它们前来采蜜的信号。在成功授粉之后，箭根薯便会结出黑色浆果状的果实，它可以供某些动物食用，使种子能够借助动物的帮助远距离地传播。

现在，随着植物园迁地保育工作的开展，箭根薯也开始进入庭园栽培，供人们观赏。当你去南方的植物园浏览时，别忘寻找一下老虎须的身影哦！

炮弹树

Couroupita guianensis

绘图　葛若雯

32 果实像炮弹
——炮弹树

在美洲热带地区，有一种神奇的植物，它的果实巨大无比，就像火炮用的炮弹，而且成熟的时候还会冒出白烟，如同战场上的硝烟一般，所以取名炮弹树。

炮弹树属于玉蕊科大家族的成员，是一种高大的乔木。整个科的成员主要分布于亚洲和美洲热带地区，而炮弹树则是原产于美洲热带地区。它的树冠很宽大，树干非常粗壮，枝繁叶茂，叶子长在树冠顶层，密密麻麻。而它的花果却不在上面生长，而是着生在树干部位，这就是所谓的“老茎生花”现象。这种现象在热带地区的植物类群中是比较常见的。炮弹树在树干上会生出细长的枝条，顶端开出许多淡红色的花朵，大而鲜艳，远看耀眼夺目。花中的雄蕊和雌蕊分别密集地生在一起，形成弯曲的盘状结构。它的花会发出一种奇怪的臭味，但对于昆虫来说，这却是一种气味的引导，各种蜂类，如蜜蜂、黄蜂、熊蜂、木蜂等来吸食花蜜的同时，花粉会涂抹在它们的头部和背部，从而带到另一朵花的雌蕊柱头上，由此就完成了传粉。

随着果实一天天长大，那些原来生花的枝条会慢慢变粗、变硬，以承托果实的巨大重量。在粗壮的树干上，七七八八地挂着像“加农炮弹”一样的球形果实，直径可以达到20厘米。熟透的果实会掉到地上。果皮摔碎，里面的果核黑而硬，落地时会冒出粉末状的白烟，活像炮弹着地爆炸。成熟的果肉部分会散发出比较浓烈的臭味，有少数人吃过它的果子，但对于人来说，绝对不是什么好吃的味道。在野生环境中，它的主要目的是给动物吃，动物们在吃果肉的同时，将里面的种子带到别处去，帮助炮弹果传播后代。

现在，神奇的炮弹树已经被人们带离了它的家乡，在全世界的热带地区广泛栽培作观赏树木。在印度，人们甚至把它与宗教联系在一起，在许多印度教的寺庙周围都会种植这种树木。在中国，如果你去广东、广西、海南这些热带地区游玩的话，也许会在植物园或公园碰到它！

热唇草

Cephaelis tomentosa

绘图 葛若雯

33 花开像火热性感的红嘴唇

——热唇草

在南美洲的热带地区，有一种植物在开花之后，像少女红色的嘴唇一样，非常的火热性感，所以取名热唇草。

热唇草是茜草科大家族的一种小灌木，因此起名叫“草”也是不合适的。它的花并不起眼，是淡黄色的长管状小花，数朵簇生在一起形成头状花序，同时此属又与九节属近缘（甚至有的分类学者将其归入九节属中），因此被称为“头九节”。与不显眼的花相比，它的苞片就非常艳丽。头状花序的外面被两片肥大的鲜红色苞片所包被，苞片先端向外反卷，颜色娇艳欲滴，就像美少女的红唇一般。通常情况下，这“红唇”之内还有数朵淡黄色的小花伸出来，极少情况是一朵，而这种极少出现的情景恰好被一位摄影师拍下来了，之后便被大家在网上疯狂转载，于是大家就给它冠以“热唇草”这一美名。而实际上，这种情况只是一种特例而已，我们看正常的花序有好几朵花从“红唇”状的苞片中露出来时，其实它看起来并不像“红唇”，而更像红色扇贝里面夹着的糖果，颇有几分可爱之处。

热唇草产于南美洲的热带地区，常生于雨林下或林缘。它的这个“红唇”的真正作用并不是让我们欣赏，而是“招蜂引蝶”。它那艳丽的颜色是一种信息标志，昆虫甚至蜂鸟都有可能被它所吸引，跑来进行传粉活动。等到它结果时，完全就变成了另一种模样：鲜红的苞片褪了颜色，变成了淡橙色，而原来包被的果实则挺立其上，变成蓝色。它同样是为招引动物，尤其是鸟类来吃的，借由动物将它的种子带到远方，进行传播。

不管怎样，这种火红的热唇草至少以一个新奇可爱的名字在网络世界里火红了一把！

鸢尾兰

Oberonia mucronata

绘图　葛若雯

34 叶形像鸢尾
——鸢尾兰

在亚洲热带地区的雨林里，生活着一类可爱的小型兰花。它主要是附生在其他树干上，向下倒垂生长。由于叶子扁平，互相套叠在一起，酷似鸢尾的叶子，因此得名“鸢尾兰”。

鸢尾兰是兰科大家族的一个属，其属内有300多个成员。从中国南部一直到东南亚、大洋洲及太平洋岛屿都有它们的身影。兰花有地生、附生、腐生等好几种生活类型。鸢尾兰喜欢生活在热带雨林的树干上，它们属于附生的兰花，依靠根部附着倒挂在树干上，而且还与周围的苔藓、真菌生活在一起，吸取树干上残存的少量水分和无机盐。由于鸢尾兰的植株是倒向生长的，它的叶子都朝向下，在茎端生出的花序也是朝下的，整个植株就像一株迷你型的倒挂鸢尾。

鸢尾兰的花序是狭长的总状花序，上面密密麻麻地着生了几十甚至上百朵小花。和所有的兰科植物一样，它的花都有3枚萼片、2枚花瓣，以及1枚特化的唇瓣组成。它的萼片和花瓣都比较普通，均为狭三角形，而唇瓣则很特殊，呈长条形，靠近基部位置有2个小裂片，先端又有2个叉开的裂片，而与唇瓣相对的合蕊柱则在它的最基部着生。因此，整个唇瓣看起来就像一个张开手臂的小人，而鸢尾兰的属名“*Oberonia*”就是“小精灵”的意思，专门是指它那个酷似小人的特化唇瓣。鸢尾兰的花如此小巧，大型的蜂类、蝇类是不会来给它传粉的，但它也有自己的伙伴——一些小型昆虫，如双翅目的某些蚊类，会访问鸢尾兰的花，吸食花蜜的同时帮助它完成传粉。

鸢尾兰结果量非常大，几乎每朵花都能正常发育成果实。每个果实里有上千粒种子，所以，一个花序就会有十几万粒种子。和其他兰科植物一样，它的种子非常微小，可以在空气中随处飘荡，落到合适的树干上，就会在真菌的帮助下发芽，长成新的植株。

当你有机会进入南部地区的雨林时，请擦亮你的眼睛，仔细观察，说不定就能碰到这些可爱的小精灵呢。

针茅

Stipa capillata

绘图　葛若雯

35 花部长银针的草
——针茅

在中国北部地区和青藏高原，尤其是内蒙古的高原上，一望无际的大草原横贯东西。草本植物是这一地带主要的植被类型，自东向西，随着降水量的减少，逐渐由草甸草原过渡为典型草原，然后最西部则是荒漠草原。但不管是哪种草原类型，都少不了一种重要的植物成员——针茅。

针茅是禾本科大家族之下的一个属，与我们的粮食作物小麦、水稻、高粱都是亲戚。它的属下有200多个成员，主要分布在全球的温带地区，而生长在草原区的种类最为丰富。中国的大草原上当然也少不了它们。实际上，针茅类植物是草原的标志物种，也是最占优势的植物。它的叶片不像其他一些禾草那样完全平展，而是多少有些向内卷曲。这样是为了减少水分蒸发，以便适应草原上的干旱环境。

每年的7月，针茅便开始抽穗开花。它的花是特化的小穗结构，每个小穗只有一朵小花，由外稃、内稃及里面的浆片、雌雄蕊组成。在外稃的顶部有一根长长的芒，在阳光下可以闪耀出金属光泽。不同种类的芒长度也不同，短的有几厘米，长的则会达到几十厘米。在结果时，这根芒越发变得明显，整个花序有几十甚至上百根芒。在微风吹拂下，它们都朝向一个方向。远远看去，整个花序就像一把银丝做的拂尘。每到7月下旬，整片草原所有的针茅展现出这样的长芒时，景象是非常壮观的——大地像铺上了一张银丝网，在阳光下跃动，而这时也正是针茅草原最美丽的季节。

这么长的芒是做什么用的呢？原来，这根长芒是连接着针茅的果实。它的果实基部非常尖，等果实掉落后，芒会仍然连在果实上。随着芒的水分丢失，它会逐渐变得螺旋状弯曲。有趣的是借助芒弯曲的力量，果实的尖端就可以扎到泥土里，躲过寒冬，到来年春天到来的时候，就会萌发成新的植株。

这种带着长芒的果实同样也可以扎到动物身体里，比如绵羊，有些甚至会刺破羊的皮肉或内脏，造成绵羊受伤或皮毛受损，所以有些种类在民间得名“狼针草”。因此，这种可爱的植物也有可怕的一面，在开花之前牛羊要吃它的叶子；在开花之后它则有可能给牛羊带来伤害。在这美丽草原的背后其实也是暗藏杀机的，人类的畜牧业与本土的草原之间在进行长期的共处中形成了和谐共生的发展方式。

参考文献

陈封怀，胡启明，1996. 中国报春花科植物系统分类研究[J]. 中国科学院院刊，11(6): 445–446.

陈俊伟，2022. 尖叶四照花[J]. 林业与生态(8): 40.

崔毅婵，林雪茜，杨玲，2022，等. 不同四照花观赏价值的综合评价[J]. 植物资源与环境学报，31(6): 43–51.

洪利亚，2016. 石蒜属植物的化学成分及其抗阿尔茨海默症的研究[D]. 北京：中央民族大学.

解思宇，2022. 淫羊藿属(*Epimedium*)不同类型花瓣形态多样性研究及其演化意义[D]. 西安：陕西师范大学.

李子璇，2010. 忽地笑和石蒜生殖生物学研究[D]. 汉中：陕西理工学院.

廖成斌，2023. 猫儿屎果实乙酸乙酯部位化学成分研究[D]. 南昌：江西中医药大学.

廖彭莹，孙雪芹，李务荣，等，2023. 感应草化学成分、生物活性研究进展[J]. 中成药，45(2): 509–514.

邱新颖，张莉，杨承昊，等，2023. 气候变化下中国蒟蒻薯科箭根薯的地理分布格局预测[J]. 中国野生植物资源，42(9): 95–104.

史军，2017. 天堂鸟：天堂花朵变鸟头，纯属偶然[J]. 知识就是力量(8): 58–61.

史军，骆玫，2020. 四照花：伪装荔枝的园林新宠[J]. 知识就是力量(8): 36–39.

孙媛媛，焦丹，董聪聪，等，2018. 蓝盆花研究进展[J]. 亚热带植物科学，47(3): 299–304.

田美华，唐安军，2012. 珍稀优良花卉地涌金莲的繁殖研究进展[J]. 重庆师范大学学报(自然科学版)，29(1): 87–90.

汪劲武，2001. 从“老虎须”看蒟蒻薯科[J]. 植物杂志(3): 26.

汪劲武，2006. 传粉：自然的约定[J]. 生命世界(5): 84–91.

汪劲武，2016. 那些与猴沾亲带故的植物[J]. 百科知识(1): 16–20+34–35.

汪向明，1982. 澳大利亚的植物[J]. 植物杂志(4): 46–47.

王德新，2013. 中国特有植物地涌金莲的保护生物学研究[D]. 哈尔滨：东北林业大学.

王慧颖, 2009. 华北蓝盆花、蓝刺头生物学特性及低温适应性研究[D]. 哈尔滨: 东北林业大学.

王文采, 1978. 中国植物志: 第15卷[M]. 北京: 科学出版社.

王文采, 1980. 中国植物志: 第28卷[M]. 北京: 科学出版社.

王文采, 1986. 中国植物志: 第73卷[M]. 北京: 科学出版社.

王文采, 1987. 中国植物志: 第78卷[M]. 北京: 科学出版社.

吴雪, 2020. 铃兰属植物遗传多样性及其花的挥发性成分研究[D]. 杭州: 浙江理工大学.

吴玉虎, 2008. 青藏高原维管植物及其生态地理分布[M]. 北京: 科学出版社.

杨桂丽, 张佳佳, 梅丽, 等, 2023. 中国野生报春花属物种多样性与地理分布数据集[J]. 中国科学数据, 8(4): 394–402.

张悦, 2022. 中国及泛喜马拉雅地区针茅属的修订[D]. 郑州: 郑州大学.

TOTLAND O, 1993. Pollination in alpine Norway: flower phenology, insectvisitors, and visitation rates in two plant communities [J]. Canadian Journal of Botany, 71: 1072–1079 .